高职高专土建类建筑工程技术专业课程试题库

建筑材料试题库

主　编　陈　伟

副主编　叶　琳　刘先春　朱宏斌

中国水利水电出版社
www.waterpub.com.cn

内 容 提 要

本书是在建筑工程技术专业人才培养方案和“建筑材料”课程标准的指导下，结合高职高专教育特点，以国家现行规程规范为依据编制的。本试题库共包括11章内容，分别是：建筑材料的基本性质，气硬性胶凝材料，水泥，混凝土，建筑砂浆，墙体材料，防水材料，建筑钢材，常用建筑装饰材料，合成高分子材料，绝热材料与吸声材料。并在书后附试题答案。

本书可作为高职高专院校、高等专科学校、成人教育学院的建筑工程技术、建筑工程管理等专业教学参考用书，满足职业教育双证制的要求，也可供广大专业技术人员作为职业资格考试的参考书。

图书在版编目（CIP）数据

建筑材料试题库 / 陈伟主编. -- 北京 : 中国水利水电出版社, 2014.5(2024.8重印).
高职高专土建类建筑工程技术专业课程试题库
ISBN 978-7-5170-2030-1

Ⅰ. ①建… Ⅱ. ①陈… Ⅲ. ①建筑材料—高等职业教育—习题集 Ⅳ. ①TU5-44

中国版本图书馆CIP数据核字(2014)第096201号

书　　名	高职高专土建类建筑工程技术专业课程试题库 **建筑材料试题库**
作　　者	主编　陈伟　副主编　叶琳　刘先春　朱宏斌
出版发行	中国水利水电出版社 （北京市海淀区玉渊潭南路1号D座　100038） 网址：www.waterpub.com.cn E-mail：sales@mwr.gov.cn 电话：（010）68545888（营销中心）
经　　售	北京科水图书销售有限公司 电话：（010）68545874、63202643 全国各地新华书店和相关出版物销售网点
排　　版	中国水利水电出版社微机排版中心
印　　刷	北京市密东印刷有限公司
规　　格	184mm×260mm　16开本　8.5印张　202千字
版　　次	2014年5月第1版　2024年8月第3次印刷
印　　数	4501—5500册
定　　价	**35.00**元

前　言

为了实现高职高专理论教学考核方式改革，适应无纸化计算机考试的要求，满足学生期末复习应考的需要，帮助学生在学习过程中进行练习和自我检测，强化训练，从而顺利通过考试，本专业改革与指导委员会组织专业骨干教师和教学精英编写了这套《高职高专土建类建筑工程技术专业课程试题库》。本套书共18册，涵盖了建筑工程技术以及建筑工程管理专业的全部课程的理论教学内容，分别为：

《工程测量试题库》
《建筑材料试题库》
《建筑CAD试题库》
《工程力学试题库》
《建筑构造试题库》
《工程制图试题库》
《土力学与地基基础试题库》
《钢筋混凝土结构试题库》
《钢结构试题库》
《建筑设备试题库》
《建筑工程施工技术试题库》
《建筑工程施工组织试题库》
《建筑工程计量与计价试题库》
《建筑工程项目管理试题库》
《工程监理试题库》
《建筑工程安全技术试题库》
《建筑工程法律与法规试题库》
《工程招投标与合同管理试题库》

本套题库是在建筑工程技术专业人才培养方案和对应课程标准的指导下，以建筑工程技术专业系列教材和国家现行规程规范为依据编制的，与本专业对应的国家各类职业资格考试相结合，既紧扣教材本身，又不局限于书本；题库题量大，覆盖面广，题目构思精巧，答案准确唯一；采用主观题客观化的方法命题，突出实用性和应用性。

本套题库可作为高职高专院校、高等专科学校、成人教育学院的建筑工程技术、建筑工程管理等专业教学参考用书，满足职业教育双证制的要求，也可供广大专业技术人员作为职业资格考试的参考书。

《建筑材料试题库》由安徽水利水电职业技术学院陈伟主编，由陈伟、叶琳、刘先春、朱宏斌、胡荟群五人编写完成。

本书由安徽水利水电职业技术学院和安徽万为建设工程有限公司共同开发，在编写过程中，得到了安徽万为建设工程有限公司的大力支持，在此一并表示感谢。限于作者理论水平和实践经验有限，书中难免存在不妥之处，恳请广大读者和同行专家批评指正。

编者

2014 年 4 月

目　　录

前言

第一章　建筑材料的基本性质……1

第二章　气硬性胶凝材料……23

第三章　水泥……37

第四章　混凝土……54

第五章　建筑砂浆……69

第六章　墙体材料……77

第七章　防水材料……83

第八章　建筑钢材……88

第九章　常用建筑装饰材料……102

第十章　合成高分子材料……118

第十一章　绝热材料与吸声材料……123

试题答案……127

目　录

[illegible]

第一章　建筑材料的基本性质

1．块状材料在自然状态下的体积是由固体物质的体积和（　　）的体积组成的。

A．材料内部的水　　B．材料内部空隙

C．材料内部孔隙　　D．材料内的杂质

2．块状材料在自然状态下的体积是由（　　）的体积和材料内部孔隙的体积组成的。

A．材料内部的水　　B．固体物质

C．材料内部孔隙　　D．材料内部空隙

3．块状材料在自然状态下的体积是由（　　）的体积和材料内部孔隙的体积组成的。

A．固体物质　　B．材料内部孔隙

C．材料内部空隙　　D．材料内部的水

4．块状材料在自然状态下的体积是由固体物质的体积和（　　）的体积组成的。

A．材料内部孔隙　　B．材料内部空隙

C．材料内部的水　　D．材料内的杂质

5．块状材料在自然状态下的体积是由固体物质的体积和材料内部孔隙的体积组成的。（　　）

A．对　　B．错

6．散粒材料的体积构成是由（　　）部分组成的。

A．3　　B．2　　C．1　　D．都不是

7．散粒材料的体积构成是由（　　）部分组成的。

A．1　　B．2　　C．3　　D．4

8．散粒材料的体积构成是由 3 部分组成的。（　　）

A．对　　B．错

9．散粒材料的体积构成是由 2 部分组成的。（　　）

A．对　　B．错

10．散粒材料的体积构成是由 4 部分组成的。（　　）

A．对　　B．错

11．材料的实际密度是指材料在（　　）下单位体积的质量。

A．绝对密实状态　　B．自然状态

C．堆积状态　　D．含水饱和状态

12. 材料的实际密度是指材料在（　　）下单位体积的质量。

A. 自然状态　　B. 堆积状态

C. 含水饱和状态　　D. 绝对密实状态

13. 材料在绝对密实状态下单位体积的质量为（　　）。

A. 密度　　B. 表观密度　　C. 堆积密度　　D. 视密度

14. 材料在绝对密实状态下单位体积的质量为（　　）。

A. 表观密度　　B. 堆积密度　　C. 绝对密度　　D. 视密度

15. 材料的实际密度是指材料在绝对密实状态下单位体积的质量。（　　）

A. 对　　B. 错

16. 材料的实际密度是指材料在自然状态下单位体积的质量。（　　）

A. 对　　B. 错

17. 材料的表观密度是指材料在（　　）下单位体积的质量。

A. 绝对密实状态　　B. 自然状态

C. 自然堆积状态　　D. 含水饱和状态

18. 材料的表观密度是指材料在（　　）下单位体积的质量。

A. 自然状态　　B. 自然堆积状态

C. 绝对密实状态　　D. 含水饱和状态

19. 材料在自然状态下（包含空隙）单位体积的质量为（　　）。

A. 密度　　B. 表观密度　　C. 堆积密度　　D. 视密度

20. 材料在自然状态下（包含空隙）单位体积的质量为表观密度。（　　）

A. 对　　B. 错

21. 材料的堆积密度是指（　　）材料在自然堆积状态下单位体积的质量。

A. 块体　　B. 颗粒状　　C. 固体　　D. 液体

22. 材料的堆积密度是指（　　）材料在自然堆积状态下单位体积的质量。

A. 块体　　B. 固体　　C. 纤维状　　D. 液体

23. 材料的堆积密度是指散粒材料（粉状、颗粒状或纤维状材料）在（　　）状态下单位体积的质量。

A. 绝对密实　　B. 自然　　C. 含水饱和　　D. 自然堆积

24. 散粒材料(粉状、颗粒状或纤维状材料)在规定的装填条件下单位体积的质量为(　　)。

A. 密度　　B. 表观密度　　C. 堆积密度　　D. 视密度

25. 当材料在空气中吸水达到饱和时，其含水率（　　）吸水率。

A. 等于　　B. 大于　　C. 小于　　D. 不一定

26．当材料在空气中吸水未达到饱和时，其含水率（　　）吸水率。

A．等于　　B．大于　　C．小于　　D．不一定

27．当材料在空气中吸水达到饱和时，其含水率（　　）吸水率。

A．小于　　B．大于　　C．等于　　D．不一定

28．当材料在空气中吸水达到饱和时，其含水率（　　）吸水率。

A．大于　　B．等于　　C．小于　　D．不一定

29．当材料在空气中吸水未达到饱和时，其含水率（　　）吸水率。

A．小于　　B．等于　　C．大于　　D．不一定

30．当材料在空气中吸水未达到饱和时，其含水率（　　）吸水率。

A．大于　　B．小于　　C．等于　　D．不一定

31．当材料孔隙率增加时，其强度（　　）。

A．提高　　B．不变　　C．不一定　　D．下降

32．当材料孔隙率减小时，其强度（　　）。

A．提高　　B．不变　　C．不一定　　D．下降

33．当材料孔隙率增加时，其强度（　　）。

A．提高　　B．下降　　C．不变　　D．不一定

34．当材料孔隙率增加时，其强度（　　）。

A．下降　　B．提高　　C．不变　　D．不一定

35．当材料孔隙率增加时，其强度（　　）。

A．提高　　B．不变　　C．下降　　D．不一定

36．当材料孔隙率减小时，其强度（　　）。

A．下降　　B．提高　　C．不变　　D．不一定

37．当材料孔隙率减小时，其强度（　　）。

A．下降　　B．不变　　C．提高　　D．不一定

38．当材料孔隙率减小时，其强度（　　）。

A．下降　　B．不变　　C．不一定　　D．提高

39．当材料孔隙率发生变化时，材料的（　　）也会随之发生变化。

A．强度　　B．熔点　　C．密度

40．当材料孔隙率发生变化时，材料的（　　）也会随之发生变化。

A．熔点　　B．强度　　C．密度

41．当材料孔隙率发生变化时，材料的（　　）也会随之发生变化。

A．密度　　B．熔点　　C．强度

42．当材料孔隙率发生变化时，材料的强度也会随之发生变化。（　　）
A．对　　B．错

43．当材料孔隙率发生变化时，材料的密度也会随之发生变化。（　　）
A．对　　B．错

44．当材料孔隙率发生变化时，材料的熔点也会随之发生变化。（　　）
A．对　　B．错

45．当材料孔隙率发生变化时，材料的（　　）也会随之发生变化。
A．熔点　　B．密度　　C．抗冻性

46．当材料孔隙率发生变化时，材料的（　　）也会随之发生变化。
A．抗冻性　　B．密度　　C．熔点

47．当材料孔隙率发生变化时，下列选项中材料的（　　）不会随之发生变化。
A．强度　　B．吸水性　　C．密度　　D．抗冻性

48．当材料孔隙率发生变化时，下列选项中材料的（　　）不会随之发生变化。
A．强度　　B．密度　　C．吸水性　　D．抗冻性

49．一般认为软化系数不小于（　　）的材料为耐水材料。
A．0.55　　B．0.65　　C．0.75　　D．0.85

50．一般认为软化系数不小于（　　）的材料为耐水材料。
A．0.55　　B．0.65　　C．0.85　　D．0.95

51．一般认为软化系数不小于（　　）的材料为耐水材料。
A．0.85　　B．0.75　　C．0.55　　D．0.45

52．一般认为软化系数不小于（　　）的材料为耐水材料。
A．0.95　　B．0.85　　C．0.75　　D．0.65

53．一般认为软化系数不小于0.85的材料为（　　）。
A．憎水材料　　B．耐水材料　　C．亲水材料　　D．吸水材料

54．一般认为软化系数不小于0.85的材料为（　　）。
A．亲水材料　　B．吸水材料　　C．耐水材料　　D．憎水材料

55．一般认为软化系数不小于0.85的材料为（　　）。
A．耐水材料　　B．吸水材料　　C．亲水材料　　D．憎水材料

56．一般认为软化系数不小于0.85的材料为（　　）。
A．亲水材料　　B．憎水材料　　C．吸水材料　　D．耐水材料

57．软化系数值大于 0.8 的材料为耐水性材料。（　　）

A．对　　B．错

58．软化系数值大于 0.75 的材料为耐水性材料。（　　）

A．对　　B．错

59．当材料孔隙率增加时，其保温隔热性（　　）。

A．提高　　B．下降　　C．不变　　D．不一定

60．当材料孔隙率减小时，其保温隔热性（　　）。

A．提高　　B．下降　　C．不变　　D．不一定

61．当材料孔隙率增加时，其保温隔热性提高。（　　）

A．对　　B．错

62．当材料孔隙率增加时，其保温隔热性下降。（　　）

A．对　　B．错

63．当材料孔隙率增加时，其保温隔热性（　　）。

A．下降　　B．提高　　C．不变　　D．不一定

64．当材料孔隙率增加时，其保温隔热性（　　）。

A．下降　　B．不变　　C．提高　　D．不一定

65．当材料孔隙率减小时，其保温隔热性（　　）。

A．下降　　B．提高　　C．不变　　D．不一定

66．当材料孔隙率减小时，其保温隔热性（　　）。

A．提高　　B．不变　　C．下降　　D．不一定

67．当材料孔隙率减小时，其保温隔热性下降。（　　）

A．对　　B．错

68．当材料孔隙率减小时，其保温隔热性提高。（　　）

A．对　　B．错

69．当材料孔隙率增加时，其不变的是（　　）。

A．强度　　B．密度　　C．耐水性　　D．不一定

70．当材料孔隙率增加时，其不变的是（　　）。

A．密度　　B．强度　　C．耐水性　　D．不一定

71．当材料孔隙率增加时，其不变的是（　　）。

A．耐水性　　B．强度　　C．密度　　D．不一定

72．当材料孔隙率减小时，其强度（　　）。

A．提高　　B．下降　　C．不变　　D．不一定

73．当材料孔隙率增加时，其强度提高。（　　）

A．对　　B．错

74．当材料孔隙率增加时，其强度下降。（　　）

A．对　　B．错

75．当材料孔隙率增加时，其抗渗性（　　）。

A．提高　　B．下降　　C．不变　　D．不一定

76．当材料孔隙率增加时，其抗渗性（　　）。

A．下降　　B．提高　　C．不变　　D．不一定

77．当材料孔隙率增加时，其抗渗性（　　）。

A．提高　　B．不变　　C．下降　　D．不一定

78．当材料孔隙率减小时，其抗渗性（　　）。

A．提高　　B．下降　　C．不变　　D．不一定

79．当材料孔隙率减小时，其抗渗性（　　）。

A．下降　　B．提高　　C．不变　　D．不一定

80．当材料孔隙率减小时，其抗渗性（　　）。

A．下降　　B．不变　　C．提高　　D．不一定

81．某种材料的孔隙率较大，则其抗渗性（　　）。

A．差　　B．很差

C．较好　　D．不一定好，也不一定差

82．某种材料的孔隙率较大，则其抗渗性（　　）。

A．较差　　B．较好　　C．不一定好，也不一定差

83．当材料孔隙率减小时，其抗渗性提高。（　　）

A．对　　B．错

84．当材料孔隙率增大时，其抗渗性提高。（　　）

A．对　　B．错

85．当材料孔隙率增加时，其抗冻性（　　）。

A．提高　　B．下降　　C．不变　　D．不一定

86．当材料孔隙率增加时，其抗冻性（　　）。

A．下降　　B．不变　　C．提高　　D．不一定

87．当材料孔隙率增加时，其抗冻性（　　）。

A．提高　　B．不变　　C．下降　　D．不一定

88．当材料孔隙率减小时，其抗冻性（　　）。
A．提高　　B．下降　　C．不变　　D．不一定

89．当材料孔隙率减小时，其抗冻性（　　）。
A．下降　　B．提高　　C．不变　　D．不一定

90．当材料孔隙率减小时，其抗冻性（　　）。
A．下降　　B．不变　　C．提高　　D．不一定

91．某种材料的孔隙率较大，则其抗冻性（　　）。
A．差　　B．较好
C．很差　　D．不一定好，也不一定差

92．某种材料的孔隙率较大，则其抗冻性（　　）。
A．较好　　B．较差　　C．不一定

93．当材料孔隙率减小时，其抗冻性提高。（　　）
A．对　　B．错

94．当材料孔隙率增大时，其抗冻性提高。（　　）
A．对　　B．错

95．当材料的孔隙率降低时，其绝对密度不变，体积密度增加，强度提高。（　　）
A．对　　B．错

96．当材料的孔隙率降低时，其绝对密度不变，体积密度增加，强度减小。（　　）
A．对　　B．错

97．当材料的孔隙率降低时，其绝对密度不变，体积密度减小，强度提高。（　　）
A．对　　B．错

98．材料的耐水性用软化系数表示，其值越大，则耐水性（　　）。
A．越好　　B．越差　　C．不变　　D．不一定

99．材料的耐水性用软化系数表示，其值越大，则耐水性（　　）。
A．越差　　B．越好　　C．不变　　D．不一定

100．材料的耐水性用软化系数表示，其值越大，则耐水性（　　）。
A．越差　　B．不变　　C．越好　　D．不一定

101．材料的耐水性用软化系数表示，其值越小，则耐水性（　　）。
A．越好　　B．越差　　C．不变　　D．不一定

102．材料的耐水性用软化系数表示，其值越小，则耐水性（　　）。
A．越差　　B．越好　　C．不变　　D．不一定

103．材料的耐水性用软化系数表示，其值越小，则耐水性（　　）。
A．越好　B．不变　C．越差　D．不一定

104．材料的（　　）用软化系数表示，其值越大，则性能越好。
A．亲水性　B．吸水性　C．耐水性　D．憎水性

105．材料的（　　）用软化系数表示，其值越大，则性能越好。
A．耐水性　B．吸水性　C．亲水性　D．憎水性

106．材料的（　　）用软化系数表示，其值越大，则性能越好。
A．吸水性　B．耐水性　C．亲水性　D．憎水性

107．材料的（　　）用软化系数表示，其值越大，则性能越好。
A．吸水性　B．亲水性　C．憎水性　D．耐水性

108．材料的体积密度是指材料在（　　）下，单位体积的质量。
A．绝对密实状态　B．自然状态
C．自然堆积状态　D．含水饱和状态

109．材料的体积密度是指材料在（　　）下，单位体积的质量。
A．自然状态　B．自然堆积状态
C．绝对密实状态　D．含水饱和状态

110．材料的体积密度是指材料在（　　）下，单位体积的质量。
A．绝对密实状态　B．含水饱和状态
C．自然状态　D．自然堆积状态

111．材料的体积密度是指材料在（　　）下，单位体积的质量。
A．自然堆积状态　B．绝对密实状态
C．自然状态　D．含水饱和状态

112．材料的体积密度是指材料在自然堆积状态下，单位体积的质量。（　　）
A．对　B．错

113．材料的体积密度是指材料在自然状态下，单位体积的质量。（　　）
A．对　B．错

114．材料的体积密度是指材料在绝对密实状态下，单位体积的质量。（　　）
A．对　B．错

115．块体材料的体积由固体物质部分体积和（　　）两部分构成。
A．材料总体积　B．孔隙体积
C．空隙体积　D．颗粒之间的间隙体积

116．块体材料的体积由固体物质部分体积和（　　）两部分构成。

A．孔隙体积　　B．空隙体积
C．材料总体积　　D．颗粒之间的间隙体积

117．块体材料的体积由固体物质部分体积和（　　）两部分构成。
A．材料总体积　　B．空隙体积
C．孔隙体积　　D．颗粒之间的间隙体积

118．块体材料的体积由固体物质部分体积和（　　）两部分构成。
A．材料总体积　　B．颗粒之间的间隙体积
C．空隙体积　　D．孔隙体积

119．块体材料的体积由（　　）和材料内部孔隙体积两部分构成。
A．固体物质部分体积　　B．材料总体积
C．空隙体积　　D．颗粒之间的间隙体积

120．块体材料的体积由（　　）和材料内部孔隙体积两部分构成。
A．材料总体积　　B．固体物质部分体积
C．空隙体积　　D．颗粒之间的间隙体积

121．块体材料的体积由（　　）和材料内部孔隙体积两部分构成。
A．空隙体积　　B．材料总体积
C．固体物质部分体积　　D．颗粒之间的间隙体积

122．块体材料的体积由（　　）和材料内部孔隙体积两部分构成。
A．材料总体积　　B．空隙体积
C．颗粒之间的间隙体积　　D．固体物质部分体积

123．材料吸湿性的指标是（　　）。
A．吸水率　　B．含水率　　C．饱水率　　D．烧失量

124．材料吸湿性的指标是（　　）。
A．含水率　　B．吸水率　　C．饱水率　　D．烧失量

125．材料吸湿性的指标是（　　）。
A．饱水率　　B．吸水率　　C．含水率　　D．烧失量

126．材料在潮湿的空气中吸收空气中水分的性质称为（　　）。
A．吸水性　　B．吸湿性　　C．亲水性　　D．憎水性

127．材料在潮湿的空气中吸收空气中水分的性质称为（　　）。
A．吸湿性　　B．吸水性　　C．亲水性　　D．憎水性

128．材料在潮湿的空气中吸收空气中水分的性质称为（　　）。
A．亲水性　　B．憎水性　　C．吸湿性　　D．吸水性

129．材料在潮湿的空气中吸收空气中水分的性质称为（　　）。
A．亲水性　B．憎水性　C．吸水性　D．吸湿性

130．材料的吸湿性是指材料在（　　）吸水的性能。
A．水中　B．潮湿空气中　C．干燥环境中　D．任何环境中

131．材料的吸湿性是指材料在（　　）吸水的性能。
A．潮湿空气中　B．水中　C．干燥环境中　D．任何环境中

132．材料的吸湿性是指材料在（　　）吸水的性能。
A．水中　B．干燥环境中　C．潮湿空气中　D．任何环境中

133．材料的吸湿性是指材料在（　　）吸水的性能。
A．水中　B．任何环境中　C．干燥环境中　D．潮湿空气中

134．材料吸水性的指标是（　　）。
A．吸水率　B．含水率　C．饱水率　D．烧失量

135．材料吸水性的指标是（　　）。
A．含水率　B．吸水率　C．饱水率　D．烧失量

136．材料吸水性的指标是（　　）。
A．饱水率　B．含水率　C．吸水率　D．烧失量

137．材料吸水性的指标是（　　）。
A．饱水率　B．烧失量　C．含水率　D．吸水率

138．材料在水中吸收水分的性质称为（　　）。
A．吸水性　B．吸湿性　C．亲水性　D．憎水性

139．材料在水中吸收水分的性质称为（　　）。
A．吸湿性　B．吸水性　C．亲水性　D．憎水性

140．材料在水中吸收水分的性质称为（　　）。
A．亲水性　B．吸湿性　C．吸水性　D．憎水性

141．材料在水中吸收水分的性质称为（　　）。
A．亲水性　B．憎水性　C．吸湿性　D．吸水性

142．材料的吸水性是指材料在（　　）吸水的性能。
A．水中　B．潮湿空气中　C．干燥环境中　D．任何环境中

143．材料的吸水性是指材料在（　　）吸水的性能。
A．潮湿空气中　B．水中　C．干燥环境中　D．任何环境中

144．材料的吸水性是指材料在（　　）吸水的性能。

A．干燥环境中　B．潮湿空气中　C．水中　D．任何环境中

145．材料的吸水性是指材料在（　　）吸水的性能。

A．干燥环境中　B．潮湿空气中　C．任何环境中　D．水中

146．防水材料通常是亲水性材料。（　　）

A．对　B．错

147．防水材料通常不能是亲水性材料。（　　）

A．对　B．错

148．防水材料通常是耐水材料。（　　）

A．错　B．对

149．防水材料通常是憎水性材料。（　　）

A．对　B．错

150．材料的实际密度与表观密度之间差值越大，说明材料的耐水性越好。（　　）

A．对　B．错

151．材料的实际密度与表观密度之间差值越大，说明材料的耐水性越差。（　　）

A．对　B．错

152．材料的实际密度与表观密度之间差值越小，说明材料的耐水性越好。（　　）

A．对　B．错

153．材料的实际密度与表观密度之间差值越小，说明材料的耐水性越差。（　　）

A．对　B．错

154．随着建筑业的发展和人们生活水平的提高，要求建筑材料应朝着轻质高强，多功能和环保方向发展。（　　）

A．对　B．错

155．随着建筑业的发展和人们生活水平的提高，要求建筑材料应朝着轻质高强，多功能和环保方向发展。（　　）

A．错　B．对

156．一块建筑材料干燥时质量为100g，自然状态下的总体积为40cm^3，绝对密实状态下的体积为33cm^3。试计算该材料的孔隙率。（　　）

A．40%　B．33%　C．17.5%　D．12.5%

157．一块建筑材料干燥时质量为100g，自然状态下的总体积为40cm^3，绝对密实状态下的体积为33cm^3，试计算该材料的孔隙率（　　）。

A．10%　B．17.5%　C．33%　D．40%

158．一块建筑材料干燥时质量为100g，自然状态下的总体积为40cm^3，绝对密实状态下的

体积为 $33cm^3$，试计算该材料的孔隙率（　　）。

A．17.5%　　B．33%　　C．40%　　D．10%

159．一块建筑材料干燥时质量为 100g，自然状态下的总体积为 $40cm^3$，绝对密实状态下的体积为 $33cm^3$，试计算该材料的孔隙率（　　）。

A．10%　　B．12.5%　　C．40%　　D．17.5%

160．导热性是指材料（　　）的能力。

A．传导热量　　B．传导温度　　C．升高温度　　D．升高热量

161．导热性是指材料（　　）的能力。

A．传导温度　　B．传导热量　　C．升高温度　　D．升高热量

162．导热性是指材料（　　）的能力。

A．升高温度　　B．升高热量　　C．传导热量　　D．传导温度

163．导热性是指材料（　　）的能力。

A．升高温度　　B．升高热量　　C．传导温度　　D．传导热量

164．（　　）是指材料传导热量的能力。

A．比热　　B．热容量　　C．导热性　　D．耐燃性

165．（　　）是指材料传导热量的能力。

A．导热性　　B．热容量　　C．比热　　D．耐燃性

166．（　　）是指材料传导热量的能力。

A．耐燃性　　B．导热性　　C．热容量　　D．比热

167．（　　）是指材料传导热量的能力。

A．比热　　B．热容量　　C．耐燃性　　D．导热性

168．（　　）是确定材料绝热性的重要指标。

A．比热　　B．热容量　　C．导热性　　D．导热系数

169．（　　）是确定材料绝热性的重要指标。

A．比热　　B．热容量　　C．导热系数　　D．导热性

170．（　　）是确定材料绝热性的重要指标。

A．导热系数　　B．热容量　　C．导热性　　D．比热

171．（　　）是确定材料绝热性的重要指标。

A．比热　　B．导热系数　　C．导热性　　D．热容量

172．（　　）是指材料抵抗燃烧的性质。

A．耐火性　　B．耐燃性　　C．导热性　　D．导热系数

173．（　　）是指材料抵抗燃烧的性质。

A．耐火性　　B．耐燃性　　C．导热性　　D．导热系数

174．（　　）是指材料抵抗燃烧的性质。

A．导热性　　B．耐火性　　C．耐燃性　　D．导热系数

175．耐燃性是指材料抵抗燃烧的性质。（　　）

A．对　　B．错

176．耐火性是指材料抵抗燃烧的性质。（　　）

A．对　　B．错

177．建筑材料按燃烧性能分（　　）个等级。

A．1　　B．2　　C．3　　D．4

178．建筑材料按燃烧性能分（　　）个等级。

A．3　　B．4　　C．5　　D．6

179．建筑材料按燃烧性能分（　　）个等级。

A．4　　B．5　　C．6　　D．7

180．（　　）是指材料长期抵抗高温或火的作用，保持其原有性质的能力。

A．耐火性　　B．耐燃性　　C．导热性　　D．导热系数

181．耐火性是指材料长期抵抗高温或火的作用，保持其原有性质的能力。（　　）

A．对　　B．错

182．耐燃性是指材料长期抵抗高温或火的作用，保持其原有性质的能力。（　　）

A．对　　B．错

183．（　　）是指材料长期抵抗高温或火的作用，保持其原有性质的能力。

A．耐燃性　　B．耐火性　　C．导热性　　D．导热系数

184．（　　）是指材料长期抵抗高温或火的作用，保持其原有性质的能力。

A．导热性　　B．耐燃性　　C．耐火性　　D．导热系数

185．耐火材料按耐火度可分为（　　）个等级。

A．1　　B．2　　C．3　　D．4

186．耐火材料按耐火度可分为（　　）个等级。

A．3　　B．4　　C．5　　D．6

187．耐火材料按耐火度可分为（　　）个等级。

A．4　　B．3　　C．2　　D．1

188．耐火材料按耐火度可分为（　　）个等级。

A．6　　B．5　　C．4　　D．3

189．有些材料耐燃但不一定耐火。（　　）

A．对　　B．错

190．耐燃材料一定耐火。（　　）

A．对　　B．错

191．（　　）是指声能穿透材料和被材料消耗的性质。

A．耐火性　　B．隔声性　　C．吸声性　　D．导热系数

192．（　　）是指声能穿透材料和被材料消耗的性质。

A．吸声性　　B．隔声性　　C．耐火性　　D．导热系数

193．（　　）是指声能穿透材料和被材料消耗的性质。

A．隔声性　　B．吸声性　　C．耐火性　　D．导热系数

194．（　　）是指声能穿透材料和被材料消耗的性质。

A．隔声性　　B．耐火性　　C．导热性　　D．吸声性

195．吸声性是指声能穿透材料和被材料消耗的性质。（　　）

A．对　　B．错

196．隔声性是指声能穿透材料和被材料消耗的性质。（　　）

A．对　　B．错

197．（　　）是指材料能减弱或隔断声波传递的性能。

A．耐火性　　B．隔声性　　C．吸声性　　D．导热性

198．（　　）是指材料能减弱或隔断声波传递的性能。

A．耐火性　　B．导热性　　C．吸声性　　D．隔声性

199．（　　）是指材料能减弱或隔断声波传递的性能。

A．隔声性　　B．吸声性　　C．耐火性　　D．导热性

200．（　　）是指材料能减弱或隔断声波传递的性能。

A．耐火性　　B．吸声性　　C．隔声性　　D．导热性

201．隔声性是指材料能减弱或隔断声波传递的性能。（　　）

A．对　　B．错

202．吸声性是指材料能减弱或隔断声波传递的性能。（　　）

A．对　　B．错

203．下列哪一项不属于材料的变形性质？（　　）

A．弹性变形　　B．塑性变形　　C．徐变　　D．升温

204．下列哪一项不属于材料的变形性质？（　　）

A．升温　　B．徐变　　C．弹性变形　　D．塑性变形

205．下列哪一项不属于材料的变形性质？（　　）

A．徐变　B．升温　C．弹性变形　D．应力松弛

206．下列哪一项不属于材料的变形性质（　　）。

A．徐变　B．弹性变形　C．升温　D．应力松弛

207．材料在外力作用下产生形状、体积的变化，当外力去掉后，变形可自行消失并能恢复原有形状，这种可恢复的变形称为（　　）。

A．徐变　B．应力松弛　C．弹性变形　D．塑性变形

208．材料在外力作用下产生形状、体积的变化，当外力去掉后，变形可自行消失并能恢复原有形状，这种可恢复的变形称为（　　）。

A．弹性变形　B．塑性变形　C．应力松弛　D．徐变

209．材料在外力作用下产生形状、体积的变化，当外力去掉后，变形可自行消失并能恢复原有形状，这种可恢复的变形称为（　　）。

A．应力松弛　B．弹性变形　C．塑性变形　D．徐变

210．材料在外力作用下产生形状、体积的变化，当外力去掉后，变形可自行消失并能恢复原有形状，这种可恢复的变形称为（　　）。

A．徐变　B．塑性变形　C．应力松弛　D．弹性变形

211．材料在外力作用下产生形状、体积的变化，当外力去掉后，变形可自行消失并能恢复原有形状，这种可恢复的变形称为弹性变形。（　　）

A．对　B．错

212．材料在外力作用下产生形状、体积的变化，当外力去掉后，变形可自行消失并能恢复原有形状，这种可恢复的变形称为塑性变形。（　　）

A．对　B．错

213．材料在外力作用下产生形状、体积的变化，当外力去掉后，变形可自行消失并能恢复原有形状，这种可恢复的变形称为徐变。（　　）

A．对　B．错

214．材料在外力作用下产生形状、体积的变化，当外力去掉后，变形可自行消失并能恢复原有形状，这种可恢复的变形称为应力松弛。（　　）

A．对　B．错

215．材料在外力作用下产生变形，但不破坏，在外力去除后，材料不能自行恢复到原有形状，而保留变形后的形状和尺寸的性质称为（　　）。

A．塑性变形　B．弹性变形　C．应力松弛　D．徐变

216．材料在外力作用下产生变形，但不破坏，在外力去除后，材料不能自行恢复到原有形状，而保留变形后的形状和尺寸的性质称为（　　）。

A．弹性变形　　B．应力松弛　　C．塑性变形　　D．徐变

217．材料在外力作用下产生变形，但不破坏，在外力去除后，材料不能自行恢复到原有形状，而保留变形后的形状和尺寸的性质称为（　）。

A．弹性变形　　B．塑性变形　　C．应力松弛　　D．徐变

218．材料在外力作用下产生变形，但不破坏，在外力去除后，材料不能自行恢复到原有形状，而保留变形后的形状和尺寸的性质称为（　）。

A．徐变　　B．应力松弛　　C．弹性变形　　D．塑性变形

219．固体材料在特定外力的长期作用下，变形随时间的延长而逐渐增长的现象，称为（　）。

A．弹性变形　　B．应力松弛　　C．塑性变形　　D．徐变

220．固体材料在特定外力的长期作用下，变形随时间的延长而逐渐增长的现象，称为（　）。

A．徐变　　B．弹性变形　　C．塑性变形　　D．应力松弛

221．固体材料在特定外力的长期作用下，变形随时间的延长而逐渐增长的现象，称为（　）。

A．应力松弛　　B．徐变　　C．弹性变形　　D．塑性变形

222．固体材料在特定外力的长期作用下，变形随时间的延长而逐渐增长的现象，称为（　）。

A．弹性变形　　B．塑性变形　　C．徐变　　D．应力松弛

223．固体材料在特定外力的长期作用下，变形随时间的延长而逐渐（　）的现象，称为徐变。

A．降低　　B．增长　　C．减小　　D．升高

224．固体材料在特定外力的长期作用下，变形随时间的延长而逐渐（　）的现象，称为徐变。

A．降低　　B．升高　　C．减小　　D．增长

225．固体材料在特定外力的长期作用下，变形随时间的延长而逐渐增长的现象，称为徐变。（　）

A．对　　B．错

226．固体材料在特定外力的长期作用下，变形随时间的（　）而逐渐增长的现象，称为徐变。

A．延长　　B．增长　　C．减小　　D．升高

227．（　）在特定外力的长期作用下，变形随时间的延长而逐渐增长的现象，称为徐变。

A．散粒材料　　B．液体材料　　C．固体材料　　D．浆体

228．（　　）在特定外力的长期作用下，变形随时间的延长而逐渐增长的现象，称为徐变。

A．固体材料　　B．散粒材料　　C．液体材料　　D．浆体

229．（　　）是材料在外力（荷载）的作用下抵抗破坏的能力。

A．韧性　　B．强度　　C．硬度　　D．耐磨性

230．（　　）是材料在外力（荷载）的作用下抵抗破坏的能力。

A．硬度　　B．强度　　C．韧性　　D．耐磨性

231．（　　）是材料在外力（荷载）的作用下抵抗破坏的能力。

A．韧性　　B．硬度　　C．强度　　D．耐磨性

232．（　　）是材料在外力（荷载）的作用下抵抗破坏的能力。

A．硬度　　B．耐磨　　C．韧性　　D．强度

233．强度是材料在外力（荷载）的作用下抵抗破坏的能力。（　　）

A．对　　B．错

234．强度是材料在外力（荷载）的作用下（　　）的能力。

A．降低破坏　　B．增加长度　　C．抵抗磨损　　D．抵抗破坏

235．强度是材料在外力（荷载）的作用下（　　）的能力。

A．降低破坏　　B．抵抗破坏　　C．抵抗磨损　　D．增加长度

236．强度是材料在外力（荷载）的作用下（　　）的能力。

A．降低破坏　　B．增加长度　　C．抵抗破坏　　D．抵抗磨损

237．强度是材料在外力（荷载）的作用下（　　）的能力。

A．抵抗破坏　　B．降低破坏　　C．抵抗磨损　　D．增加长度

238．强度是材料在外力（荷载）的作用下抵抗破坏的能力。（　　）

A．对　　B．错

239．根据外力作用的方式不同，材料的强度分为抗压强度、抗拉强度、抗弯强度和抗剪强度。（　　）

A．对　　B．错

240．根据外力作用的方式不同，材料的强度分为抗压强度、抗拉强度、抗弯强度。（　　）

A．对　　B．错

241．根据外力作用的方式不同，材料的强度分为抗压强度、抗剪强度、抗弯强度。（　　）

A．对　　B．错

242．下列不是脆性材料的是（　　）。

A．天然岩石　　B．陶瓷　　C．玻璃　　D．木材

243．下列不是脆性材料的是（　　）。

A．天然岩石　　B．木材　　C．玻璃　　D．陶瓷

244．下列不是脆性材料的是（　　）。
A．天然岩石　　B．陶瓷　　C．木材　　D．玻璃

245．下列不是脆性材料的是（　　）。
A．混凝土　　B．砂浆　　C．钢材　　D．玻璃

246．下列不是脆性材料的是（　　）。
A．钢材　　B．砂浆　　C．玻璃　　D．混凝土

247．下列不是脆性材料的是（　　）。
A．混凝土　　B．砂浆　　C．玻璃　　D．钢材

248．下列不是脆性材料的是（　　）。
A．砂浆　　B．钢材　　C．玻璃　　D．混凝土

249．下列不是韧性材料的是（　　）。
A．混凝土　　B．木材　　C．钢材　　D．塑料

250．下列不是韧性材料的是（　　）。
A．木材　　B．砂浆　　C．钢材　　D．塑料

251．下列不是韧性材料的是（　　）。
A．木材　　B．塑料　　C．钢材　　D．砂浆

252．下列不是韧性材料的是（　　）。
A．塑料　　B．木材　　C．钢材　　D．混凝土

253．下列是脆性材料的是（　　）。
A．木材　　B．玻璃　　C．钢材　　D．塑料

254．下列是脆性材料的是（　　）。
A．木材　　B．塑料　　C．钢材　　D．玻璃

255．下列是脆性材料的是（　　）。
A．木材　　B．塑料　　C．玻璃　　D．钢材

256．下列是脆性材料的是（　　）。
A．木材　　B．钢材　　C．岩石　　D．塑料

257．下列是脆性材料的是（　　）。
A．木材　　B．岩石　　C．钢材　　D．塑料

258．下列是脆性材料的是（　　）。
A．木材　　B．钢材　　C．塑料　　D．岩石

259．材料的硬度越大，则其耐磨性越好，强度越高。（　　）。

A．对　　B．错

260．材料的硬度越大，则其耐磨性越差，强度越低。（　　）。

A．对　　B．错

261．就破坏性而言，磨损（　　）磨耗。

A．大于　　B．小于　　C．等于　　D．不一定

262．就破坏性而言，磨耗（　　）磨损。

A．大于　　B．小于　　C．等于　　D．不一定

263．就破坏性而言，磨损（　　）磨耗。

A．大于　　B．等于　　C．小于　　D．不一定

264．就破坏性而言，磨耗（　　）磨损。

A．小于　　B．等于　　C．大于　　D．不一定

265．就破坏性而言，磨损小于磨耗。（　　）

A．对　　B．错

266．就破坏性而言，磨耗大于磨损。（　　）

A．对　　B．错

267．就破坏性而言，磨损大于磨耗。（　　）

A．对　　B．错

268．就破坏性而言，磨耗小于磨损。（　　）

A．对　　B．错

269．就破坏性而言，磨耗与磨损相同。（　　）

A．对　　B．错

270．（　　）是材料的一项长期性质，对其判定要在使用条件下进行长期的观察和测定。

A．脆性　　B．韧性　　C．耐久性　　D．耐磨性

271．耐久性是材料的一项长期性质，对其判定要在使用条件下进行长期的观察和测定。（　　）

A．对　　B．错

272．（　　）是材料的一项长期性质，对其判定要在使用条件下进行长期的观察和测定。

A．耐久性　　B．耐磨性　　C．脆性　　D．韧性

273．（　　）是材料的一项长期性质，对其判定要在使用条件下进行长期的观察和测定。

A．脆性　　B．韧性　　C．耐磨性　　D．耐久性

274．耐磨性是材料的一项长期性质，对其判定要在使用条件下进行长期的观察和测定。（　　）

A．对　　B．错

275．从室外取来质量为 2700g 的一块普通黏土砖（砖的外形尺寸为 240mm×115mm×53mm），浸水饱和后的质量为 2850g，而绝干时的质量为 2600g。求此砖的含水率。（　　）

A．2.65%　　B．3.85%　　C．4%　　D．9.62%

276．从室外取来质量为 2700g 的一块普通黏土砖（砖的外形尺寸为 240mm×115mm×53 mm），浸水饱和后的质量为 2850g，而绝干时的质量为 2600g，求此砖的含水率。（　　）

A．2.65%　　B．3.42%　　C．3.85%　　D．9.62 %

277．从室外取来质量为 2700g 的一块普通黏土砖（砖的外形尺寸为 240mm×115mm×53mm），浸水饱和后的质量为 2850g，而绝干时的质量为 2600g。求此砖的含水率。（　　）

A．9.62%　　B．4%　　C．3.85%　　D．2.65%

278．从室外取来质量为 2700g 的一块普通黏土砖（砖的外形尺寸为 240mm×115mm×53mm），浸水饱和后的质量为 2850g，而绝干时的质量为 2600g。求此砖的吸水率。（　　）

A．2.65%　　B．3.85%　　C．9.62%　　D．10%

279．从室外取来质量为 2700g 的一块普通黏土砖（砖的外形尺寸为 240mm×115mm×53 mm），浸水饱和后的质量为 2850g，而绝干时的质量为 2600g，求此砖的吸水率。（　　）

A．2.65%　　B．3.85%　　C．6.82%　　D．9.62%

280．从室外取来质量为 2700g 的一块普通黏土砖（砖的外形尺寸为 240mm×115mm×53mm），浸水饱和后的质量为 2850g，而绝干时的质量为 2600g。求此砖的吸水率。（　　）

A．10%　　B．9.62%　　C．3.85%　　D．2.65%

281．从室外取来质量为 2700g 的一块普通黏土砖（砖的外形尺寸为 240mm×115mm×53mm），浸水饱和后的质量为 2850g，而绝干时的质量为 2600g。求此砖的干表观密度。（　　）

A．$1.7g/cm^3$　　B．$1.78g/cm^3$　　C．$1.8g/cm^3$　　D．$2.0g/cm^3$

282．从室外取来质量为 2700g 的一块普通黏土砖（砖的外形尺寸为 240mm×115mm×53mm），浸水饱和后的质量为 2850g，而绝干时的质量为 2600g。求此砖的干表观密度。（　　）

A．$2.0g/cm^3$　　B．$1.8g/cm^3$　　C．$1.78g/cm^3$　　D．$1.7g/cm^3$

283．从室外取来质量为 2700g 的一块普通黏土砖（砖的外形尺寸为 240mm×115mm×53 mm），浸水饱和后的质量为 2850g，而绝干时的质量为 2600g，求此砖的干表观密度。

（　　）

A．$1.7g/cm^3$　　B．$2.0g/cm^3$　　C．$1.8g/cm^3$　　D．$1.78g/cm^3$

284．从室外取来质量为 2700g 的一块普通黏土砖（砖的外形尺寸为 240mm×115mm×53mm），浸水饱和后的质量为 2850g，而绝干时的质量为 2600g。求此砖的连通孔隙率。（　　）

A．17.1%　　B．18.5%　　C．4%　　D．9.62%

285．从室外取来质量为 2700g 的一块普通黏土砖（砖的外形尺寸为 240mm×115mm×53mm），浸水饱和后的质量为 2850g，而绝干时的质量为 2600g。求此砖的连通孔隙率。（　　）

A．4%　　B．9.62%　　C．17.1%　　D．18.5%

286．从室外取来质量为 2700g 的一块普通黏土砖（砖的外形尺寸为 240mm×115mm×53 mm），浸水饱和后的质量为 2850g，而绝干时的质量为 2600g，求此砖的连通孔隙率。（　　）

A．4%　　B．17.1%　　C．18.5%　　D．9.62 %

287．某石灰石的密度为 $2.70g/cm^3$，孔隙率为 1.2%。将该石灰石破碎成石子，石子的堆积密度为 $1580kg/m^3$。求此石子的表观密度。（　　）

A．$1.78g/cm^3$　　B．$2.67g/cm^3$　　C．$2.7g/cm^3$　　D．$3g/cm^3$

288．某石灰石的密度为 $2.70g/cm^3$，孔隙率为 1.2%，将该石灰石破碎成石子，石子的堆积密度为 $1580kg/m^3$，求此石子的表观密度。（　　）

A．$3g/cm^3$　　B．$2.7g/cm^3$　　C．$2.67g/cm^3$　　D．$1.78g/cm^3$

289．某石灰石的密度为 $2.70g/cm^3$，孔隙率为 1.2%，将该石灰石破碎成石子，石子的堆积密度为 $1580kg/m^3$，求此石子的表观密度。（　　）

A．$2.67g/cm^3$　　B．$2.7g/cm^3$　　C．$2.78g/cm^3$　　D．$3g/cm^3$

290．某石灰石的密度为 $2.70g/cm^3$，孔隙率为 1.2%，将该石灰石破碎成石子，石子的堆积密度为 $1580kg/m^3$，求此石子的空隙率。（　　）

A．17%　　B．28%　　C．30%　　D．41%

291．某石灰石的密度为 $2.70g/cm^3$，孔隙率为 1.2%，将该石灰石破碎成石子，石子的堆积密度为 $1580kg/m^3$，求此石子的空隙率。（　　）

A．41%　　B．30%　　C．28%　　D．17%

292．某石灰石的密度为 $2.70g/cm^3$，孔隙率为 1.2%，将该石灰石破碎成石子，石子的堆积密度为 $1580kg/m^3$，求此石子的空隙率。（　　）

A．28%　　B．30%　　C．41%　　D．45%

293．某河砂试样 500g，烘干至恒重时质量为 486g。求其含水率。（　　）

A．2%　　B．2.88%　　C．2.9%　　D．3%

294．某河砂试样 500g，烘干至恒重时质量为 486g，求其含水率。（　　）

A．3%　　B．2.9%　　C．2.88%　　D．2%

295．某河砂试样 500g，烘干至恒重时质量为 486g，求其含水率。（　　）

A．2%　　B．3%　　C．2.9%　　D．2.88%

296．已知室内温度为 15℃，室外月平均最低温度为－15℃，外墙面积 100m^2，每天烧煤 20kg，煤的发热量为 42×10^{3}kJ/kg，砖的导热系数 λ=0.78W/（m·K）。问外墙需要多厚？（　　）

A．0.2m　　B．24m　　C．241cm　　D．0.24m

297．已知室内温度为 15℃，室外月平均最低温度为－15℃，外墙面积 100m^2，每天烧煤 20kg，煤的发热量为 42×10^{3}kJ/kg，砖的导热系数 λ=0.78W/（m·K）。问外墙需要多厚？（　　）

A．0.2m　　B．0.24m　　C．24m　　D．241cm

298．已知室内温度为 15℃，室外月平均最低温度为－15℃，外墙面积 100m^2，每天烧煤 20kg，煤的发热量为 42×10^3 kJ/kg，砖的导热系数 λ =0.78W/（m·K）。问外墙需要多厚？（　　）

A．0.2m　　B．24m　　C．24cm　　D．241cm

299．（　　）是指材料单位质量的强度。

A．比强度　　B．强度　　C．硬度　　D．耐火度

300．（　　）是指材料单位质量的强度。

A．硬度　　B．强度　　C．比强度　　D．耐火度

301．（　　）是指材料单位质量的强度。

A．硬度　　B．强度　　C．耐火度　　D．比强度

302．比强度是指材料单位质量的强度。（　　）

A．对　　B．错

303．比强度是指材料单位质量的强度。（　　）

A．错　　B．对

304．耐火度是指材料单位质量的强度。（　　）

A．对　　B．错

第二章　气硬性胶凝材料

1．胶凝材料都是混合物。（　　）

A．对　　B．错

2．胶凝材料都不是混合物。（　　）

A．对　　B．错

3．石灰膏在使用之前必须（　　）。

A．陈伏　　B．熟化

C．检测其有效 CaO＋MgO 的含量　　D．检测其细度

4．石灰膏在使用之前必须（　　）。

A．熟化　　B．陈伏

C．检测其细度　　D．检测其有效 CaO＋MgO 的含量

5．石灰膏在使用之前必须陈伏。（　　）

A．对　　B．错

6．石灰膏可以直接使，不必陈伏。（　　）

A．对　　B．错

7．建筑石膏的化学分子式是（　　）。

A．$CaSO_4 \cdot 2H_2O$　　B．$CaSO_4 \cdot 1/2H_2O$

C．$CaSO_4$　　D．$CaSO_4 \cdot H_2O$

8．建筑石膏的化学分子式是（　　）。

A．$CaSO_4$　　B．$CaSO_4 \cdot H_2O$

C．$CaSO_4 \cdot 1/2H_2O$　　D．$CaSO_4 \cdot 2H_2O$

9．建筑石膏的化学分子式是（　　）。

A．$CaSO_4$　　B．α-$CaSO_4 \cdot 1/2H_2O$

C．β-$CaSO_4 \cdot 1/2H_2O$　　D．$CaSO_4 \cdot 2H_2O$

10．建筑石膏的化学分子式是（　　）。

A．$CaSO_4$　　B．$CaSO_4 \cdot 2H_2O$

C．α-$CaSO_4 \cdot 1/2H_2O$　　D．β-$CaSO_4 \cdot 1/2H_2O$

11．建筑石膏的化学分子式是 β-$CaSO_4 \cdot 1/2H_2O$。（　　）

A．对　　B．错

12．建筑石膏的化学分子式是 α-$CaSO_4 \cdot 1/2H_2O$。（　　）

A．对　　B．错

13．建筑石膏的化学分子式是 $CaSO_4 \cdot 2H_2O$。（　　）

A．对　　B．错

14．建筑石膏的化学分子式是 $CaSO_4 \cdot H_2O$。（　　）

A．对　　B．错

15．建筑石膏与水拌和后，凝结硬化速度（　　）。

A．快　　B．慢　　C．说不定　　D．不快不慢

16．建筑石膏与水拌和后，凝结硬化速度（　　）。

A．慢　　B．快　　C．一般　　D．说不定

17．建筑石膏与水拌和后，凝结硬化速度（　　）。

A．慢　　B．一般　　C．快　　D．说不定

18．建筑石膏与水拌和后，凝结硬化速度较快。（　　）

A．对　　B．错

19．建筑石膏与水拌和后，凝结硬化速度较慢。（　　）

A．对　　B．错

20．建筑石膏与水拌和后，不发生化学反应，更不会凝结硬化。（　　）

A．对　　B．错

21．只能在空气中凝结、硬化，保持并发展其强度的胶凝材料为（　　）胶凝材料。

A．有机　　B．无机　　C．水硬性　　D．气硬性

22．只能在空气中凝结、硬化，保持并发展其强度的胶凝材料为（　　）胶凝材料。

A．气硬性　　B．水硬性　　C．有机　　D．无机

23． 只能在空气中凝结、硬化，保持并发展其强度的胶凝材料为（　　）胶凝材料。

A．有机　　B．气硬性　　C．水硬性　　D．无机

24．只能在空气中凝结、硬化，保持并发展其强度的胶凝材料为（　　）胶凝材料。

A．有机　　B．水硬性　　C．气硬性　　D．无机

25．气硬性胶凝材料只能在空气中凝结、硬化，保持并发展其强度。（　　）

A．对　　B．错

26．气硬性胶凝材料能在空气中凝结、硬化，保持并发展其强度，也能在水中。（　　）

A．对　　B．错

27．不仅能在空气中而且能更好地在水中凝结、硬化，保持并发展其强度的胶凝材料为

（　　）胶凝材料。

A．有机　　B．无机　　C．水硬性　　D．气硬性

28．不仅能在空气中而且能更好地在水中凝结、硬化，保持并发展其强度的胶凝材料为（　　）胶凝材料。

A．气硬性　　B．水硬性　　C．有机　　D．无机

29．不仅能在空气中而且能更好地在水中凝结、硬化，保持并发展其强度的胶凝材料为（　　）胶凝材料。

A．水硬性　　B．气硬性　　C．有机　　D．无机

30．不仅能在空气中而且能更好地在水中凝结、硬化，保持并发展其强度的胶凝材料为（　　）胶凝材料。

A．有机　　B．无机　　C．气硬性　　D．水硬性

31．水硬性胶凝材料不但能在空气中硬化，而且能在水中硬化，保持并发展强度。（　　）

A．对　　B．错

32．水硬性胶凝材料只能在水中硬化，保持并发展强度。（　　）

A．对　　B．错

33．水硬性胶凝材料只能在空气中硬化，并保持和发展强度。（　　）

A．对　　B．错

34．生石灰的主要化学成分是 CaO，熟石灰的主要化学成分是 $Ca(OH)_2$。（　　）

A．对　　B．错

35．生石灰的主要化学成分是 CaO，熟石灰的主要化学成分是 $CaSO_4$。（　　）

A．对　　B．错

36．生石灰的主要化学成分是（　　），熟石灰的主要化学成分是 $Ca(OH)_2$。

A．CaO　　B．$CaSO_4$　　C．$CaCO_3$　　D. $Ca(OH)_2$

37．生石灰的主要化学成分是（　　），熟石灰的主要化学成分是 $Ca(OH)_2$。

A．$Ca(OH)_2$　　B．$CaSO_4$　　C．CaO　　D. $CaCO_3$

38．生石灰的主要化学成分是 CaO，熟石灰的主要化学成分是（　　）。

A．$CaSO_4$　　B．$Ca(OH)_2$　　C．$CaCO_3$　　D. $Ca(HCO_3)_2$

39．生石灰的主要化学成分是 CaO，熟石灰的主要化学成分是（　　）。

A．$Ca(HCO_3)_2$　　B．$CaSO_4$　　C．$CaCO_3$　　D. $Ca(OH)_2$

40．石灰陈伏时，需要在石灰膏表面保留一层水，其作用是为了防止石灰碳化。（　　）

A．对　　B．错

41．石灰陈伏时，无需在石灰膏表面保留一层水。（　　）

A．对　　　　B．错

42．石灰无需陈伏，可直接使用。（　　）

A．对　　　　B．错

43．石灰熟化后，需要充分陈伏后才可使用，在石灰膏表面保留一层水，防止石灰碳化。（　　）

A．对　　　　B．错

44．石灰陈伏是指石灰膏使用前在化灰池中存放 2 周或 2 周以上时间，以消除过火石灰的危害。（　　）

A．是　　　　B．否

45．石灰陈伏是指石灰膏使用前在化灰池中存放 1 周或 1 周以上时间，以消除过火石灰的危害。（　　）

A．是　　　　B．否

46．生石灰熟化的特点是（　　）。

A．体积收缩　　B．吸水　　C．体积膨胀　　D．排水

47．生石灰熟化的特点是（　　）。

A．排水　　B．吸水　　C．体积收缩　　D．体积膨胀

48．生石灰熟化的特点是（　　）。

A．体积收缩　　B．吸水　　C．放热　　D．排水

49．生石灰熟化的特点是（　　）。

A．排水　　B．吸水　　C．放热　　D．体积收缩

50．建筑石膏的主要特点有（　　）。

A．孔隙率较小　　B．硬化后体积收缩

C．硬化后体积膨胀　　D．空隙率较大

51．建筑石膏的主要特点有（　　）。

A．孔隙率较小　　B．空隙率较大

C．硬化后体积收缩　　D．硬化后体积膨胀

52．建筑石膏硬化后体积膨胀。（　　）

A．对　　　　B．错

53．建筑石膏硬化后体积收缩。（　　）

A．对　　　　B．错

54．石灰硬化后体积（　　）。

A．不变　　B．收缩　　C．膨胀　　D．不一定

55．石灰硬化后体积（　　）。

A．收缩　B．膨胀　C．不变　D．不一定

56．石灰硬化后体积收缩。（　　）

A．对　B．错

57．石灰硬化后体积膨胀。（　　）

A．对　B．错

58．石灰“陈伏”的目的是为了消除（　　）的危害。

A．正火石灰　B．过火石灰　C．欠火石灰　D．熟石灰

59．石灰“陈伏”的目的是为了消除（　　）的危害。

A．熟石灰　B．正火石灰　C．欠火石灰　D．过火石灰

60．石灰“陈伏”的目的是为了消除过火石灰的危害。（　　）

A．对　B．错

61．石灰“陈伏”的目的是为了消除欠火石灰的危害。（　　）

A．对　B．错

62．生石灰粉中存在过火石灰，（　　）使用。

A．可以直接　B．不能　C．不能直接　D．需陈伏后

63．生石灰粉中存在过火石灰，下列选项错误的是（　　）。

A．可以直接使用　B．不能使用

C．不能直接使用　D．需陈伏后使用

64．下列材料中，不是胶凝材料的是（　　）。

A．石灰　B．水泥　C．生石膏　D．沥青

65．下列材料中，不是胶凝材料的是（　　）。

A．石灰　B．水泥　C．沥青　D．生石膏

66．生石灰熟化会释放大量的CO_2气体。（　　）

A．对　B．错

67．建筑石膏硬化后体积膨胀，因此可以单独使用。（　　）

A．对　B．错

68．建筑石膏硬化后体积膨胀，因此不可以单独使用。（　　）

A．对　B．错

69．同等级的钙质石灰质量比镁质石灰（　　）。

A．好　B．差　C．一样　D．不一定

70．同等级的镁质石灰质量比钙质石灰（　　）。

A．好　　B．差　　C．一样　　D．不一定

71．同等级的钙质石灰质量比镁质石灰好。（　　）

A．对　　B．错

72．同等级的钙质石灰质量比镁质石灰差。（　　）

A．对　　B．错

73．同等级的镁质石灰质量比钙质石灰好。（　　）

A．对　　B．错

74．同等级的镁质石灰质量比钙质石灰差。（　　）

A．对　　B．错

75．生产石灰时，当煅烧温度过低或时间不足时，易产生（　　）。

A．硬石灰　　B．过火石灰　　C．欠火石灰　　D．软石灰

76．生产石灰时，当煅烧温度过（　　）时，易产生欠火石灰。

A．低　　B．高　　C．长　　D．短

77．生产石灰时，当煅烧时间过（　　）时，易产生欠火石灰。

A．低　　B．高　　C．长　　D．短

78．生产石灰时，当煅烧温度过低或时间不足时，易产生欠火石灰。（　　）

A．对　　B．错

79．生产石灰时，当煅烧温度过高或时间不足时，易产生欠火石灰。（　　）

A．对　　B．错

80．生产石灰时，当煅烧温度过低或时间不足时，易产生过火石灰。（　　）

A．对　　B．错

81．生产石灰时，当煅烧温度过高或时间过长时，易产生（　　）。

A．硬石灰　　B．过火石灰　　C．欠火石灰　　D．软石灰

82．生产石灰时，当煅烧温度过（　　）时，易产生过火石灰。

A．低　　B．高　　C．长　　D．短

83．生产石灰时，当煅烧时间过（　　）时，易产生过火石灰。

A．低　　B．高　　C．长　　D．短

84．生产石灰时，当煅烧温度过高或时间过长时，易产生过火石灰。（　　）

A．对　　B．错

85．生产石灰时，当煅烧温度过高或时间过短时，易产生过火石灰。（　　）

A．对　　B．错

86．使用含有过火石灰的石灰砂浆抹面时，墙体表面局部容易（　　）。
A．膨胀　B．收缩　C．平整　D．不一定

87．使用含有过火石灰的石灰砂浆抹面时，墙体表面局部容易（　　）。
A．收缩　B．平整　C．膨胀　D．不一定

88．使用含有过火石灰的石灰砂浆抹面时，墙体表面局部容易出现隆起、鼓包、开裂等现象。（　　）
A．对　B．错

89．使用含有过火石灰的石灰砂浆抹面时，墙体表面不会出现隆起、鼓包、开裂等现象。（　　）
A．对　B．错

90．生石灰熟化的过程中，速度（　　）。
A．慢　B．快　C．时快时慢　D．不一定

91．生石灰熟化的过程中，速度（　　）。
A．快　B．慢　C．时快时慢　D．不一定

92．生石灰熟化的过程中，速度很快。（　　）
A．对　B．错

93．生石灰熟化的过程中，速度很慢。（　　）
A．对　B．错

94．生石灰熟化的过程中，速度时快时慢。（　　）
A．对　B．错

95．生石灰熟化的过程中，放热量（　　）。
A．大　B．小　C．少　D．不一定

96．生石灰熟化的过程中，放热量（　　）。
A．少　B．小　C．大　D．不一定

97．生石灰熟化的过程中，放热量很大。（　　）
A．对　B．错

98．生石灰熟化的过程中，放热量很小。（　　）
A．对　B．错

99．生石灰熟化的过程中，并不放热。（　　）
A．对　B．错

100．生石灰熟化的过程中，体积（　　）。
A．收缩　B．不变　C．膨胀　D．不一定

101．生石灰熟化的过程中，体积（　　）。

A．膨胀　　B．收缩　　C．不变　　D．不一定

102．生石灰熟化的过程中，体积膨胀。（　　）

A．对　　B．错

103．生石灰熟化的过程中，体积收缩。（　　）

A．对　　B．错

104．生石灰熟化的过程中，体积不发生变化。（　　）

A．对　　B．错

105．石灰在空气中的凝结硬化主要包括结晶和碳化两个过程。（　　）

A．对　　B．错

106．石灰在空气中的凝结硬化主要包括（　　）和碳化两个过程。

A．凝结　　B．结晶　　C．硬化　　D．聚合

107．石灰在空气中的凝结硬化主要包括结晶和（　　）两个过程。

A．凝结　　B．聚合　　C．碳化　　D．硬化

108．石灰在空气中的凝结硬化过程中速度慢。（　　）

A．对　　B．错

109．石灰在空气中的凝结硬化过程中速度较快。（　　）

A．对　　B．错

110．石灰在空气中的凝结硬化过程中速度（　　）。

A．快　　B．慢　　C．一般　　D．不一定

111．石灰在空气中的凝结硬化过程中速度（　　）。

A．慢　　B．快　　C．一般　　D．不一定

112．石灰在空气中的凝结硬化过程中体积收缩（　　）。

A．大　　B．快　　C．小　　D．不变

113．石灰在空气中的凝结硬化过程中体积收缩（　　）。

A．小　　B．快　　C．大　　D．不变

114．石灰在空气中的凝结硬化过程中体积收缩大。（　　）

A．对　　B．错

115．石灰在空气中的凝结硬化过程中体积收缩小。（　　）

A．对　　B．错

116．石灰的主要技术性质有：保水性与可塑性好，强度低耐水性差等。（　　）

A．对　　B．错

117．石灰的主要技术性质有：保水性与可塑性（　　），强度低耐水性差等。

A．差　　B．一般　　C．好　　D．不一定

118．石灰的主要技术性质有：保水性与可塑性好，强度低耐水性（　　）等。

A．差　　B．一般　　C．好　　D．不一定

119．石灰保管时应分类、分等级存放在干燥的仓库内，不宜长期存储。（　　）

A．对　　B．错

120．石灰保管时应分类、分等级存放在一般的仓库内，不宜长期存储。（　　）

A．对　　B．错

121．石灰保管时应分类、分等级存放在干燥的仓库内，可以长期存储。（　　）

A．对　　B．错

122．石灰保管时应分类、分等级存放在（　　）的仓库内，不宜长期存储。

A．阴暗　　B．一般　　C．干燥　　D．潮湿

123．石灰保管时应分类、分等级存放在干燥的仓库内，（　　）长期存储。

A．不宜　　B．可以　　C．一般　　D．不确定

124．石膏是以$CaSO_4$为主要成分的气硬性胶凝材料。（　　）

A．对　　B．错

125．石膏是以（　　）为主要成分的气硬性胶凝材料。

A．$CaCO_3$　　B．$MgSO_4$　　C．$CaSO_4$　　D．$MgCO_3$

126．石膏是以$CaSO_4$为主要成分的（　　）胶凝材料。

A．有机　　B．无机　　C．水硬性　　D．气硬性

127．生产建筑石膏的原料主要是（　　）。

A．半水石膏　　B．二水石膏　　C．$MgSO_4$　　D．$CaSO_4$

128．生产建筑石膏的原料主要是（　　）。

A．半水石膏　　B．$MgSO_4$　　C．软石膏　　D．$MgCO_3$

129．建筑石膏凝结硬化（　　）。

A．快　　B．慢　　C．一般　　D．不确定

130．建筑石膏凝结硬化快。（　　）

A．对　　B．错

131．建筑石膏凝结硬化慢。（　　）

A．对　　B．错

132．建筑石膏初凝不得早于（　　）分钟。

A．45　　B．300　　C．20　　D．6

133．建筑石膏初凝不得早于（　　）分钟。

A．6　　B．20　　C．30　　D．45

134．建筑石膏初凝不得早于 6 分钟。（　　）

A．对　　B．错

135．建筑石膏初凝不得早于 30 分钟。（　　）

A．对　　B．错

136．建筑石膏初凝不得早于 45 分钟。（　　）

A．对　　B．错

137．建筑石膏终凝不得迟于（　　）分钟。

A．30　　B．20　　C．10　　D．6

138．建筑石膏终凝不得迟于（　　）。

A．30 分钟　　B．45 分钟　　C．6.5 小时　　D．10 小时

139．建筑石膏终凝不得迟于 30 分钟。（　　）

A．对　　B．错

140．建筑石膏终凝不得迟于 6.5 小时。（　　）

A．对　　B．错

141．建筑石膏硬化后体积微膨胀，装饰性好。（　　）

A．对　　B．错

142．建筑石膏硬化后体积微膨胀，装饰性不好。（　　）

A．对　　B．错

143．建筑石膏硬化后体积（　　），装饰性好。

A．缩小　　B．微缩　　C．不变　　D．微膨胀

144．建筑石膏硬化后体积微膨胀，装饰性（　　）。

A．好　　B．不好　　C．较差　　D．一般

145．建筑石膏硬化后孔隙率大，强度低，保温隔热，吸声性能好。（　　）

A．对　　B．错

146．建筑石膏硬化后孔隙率大，强度低，保温隔热，吸声性能差。（　　）

A．对　　B．错

147．建筑石膏硬化后孔隙率大，强度低，保温隔热，吸声性能（　　）。

A．小　　B．好　　C．差　　D．一般

148．建筑石膏硬化后孔隙率大，强度（　　），保温隔热，吸声性能好。

A．高　　B．中　　C．低　　D．一般

149．建筑石膏硬化后孔隙率（　　）、强度低，保温隔热、吸声性能好。

A．大　　B．小　　C．低　　D．一般

150．建筑石膏（　　）好。

A．强度　　B．硬度　　C．耐水　　D．防火性

151．建筑石膏（　　）差。

A．保温隔热　　B．吸声　　C．耐水　　D．可加工性

152．建筑石膏（　　）差。

A．保温隔热　　B．吸声　　C．抗冻　　D．可加工性

153．建筑石膏防火性好。（　　）

A．对　　B．错

154．建筑石膏防火性好，强度高。（　　）

A．对　　B．错

155．建筑石膏的储存期一般不超过（　　）。

A．一个月　　B．三个月　　C．六个月　　D．一年

156．建筑石膏的储存期一般不超过（　　）。

A．一个月　　B．二个月　　C．三个月　　D．六个月

157．建筑石膏的储存期一般不宜过长，超过三个月，强度下降（　　）左右。

A．10%　　B．20%　　C．30%　　D．40%

158．水玻璃的主要原料是（　　）、纯碱或含碳酸钠的原料。

A．石英砂　　B．石灰石　　C．白云石　　D．硅酸钠

159．水玻璃的主要原料是（　　）、纯碱或含碳酸钠的原料。

A．石灰石　　B．白云石　　C．硅酸钠　　D．石英砂

160．水玻璃的主要原料是石英砂、纯碱或含碳酸钠的原料。（　　）

A．对　　B．错

161．水玻璃模数 n 一般为（　　）。

A．1.5～2.5　　B．1.5～3.5　　C．2.0～3.5　　D．2.5～4.5

162．建筑工程中常用水玻璃的模数一般为（　　）。

A．1.5～2.5　　B．1.5～3.5　　C．2.6～2.8　　D．2.8～4.0

163．建筑工程中常用水玻璃的模数一般为2.6～2.8。（　　）

A．对　　B．错

164．水玻璃的硬化速度（　　）。

A．很慢　　B．很快　　C．较快　　D．较慢

165．水玻璃的硬化速度（　　）。

A．较快　　B．较慢　　C．很快　　D．很慢

166．水玻璃的硬化速度较快。（　　）

A．对　　B．错

167．下列不属于水玻璃的特性的有（　　）。

A．胶结能力好　　B．耐热性能好　　C．耐酸性能好　　D．耐氢氟酸

168．下列不属于水玻璃的特性的有（　　）。

A．耐氢氟酸　　B．胶结能力好　　C．耐热性能好　　D．耐酸性能好

169．下列属于水玻璃的特性的有（　　）。

A．胶结能力好　　B．耐热性能好　　C．耐酸性能好　　D．以上均是

170．水玻璃的特性有：胶结能力好、耐热性能好、耐酸性能好。（　　）

A．对　　B．错

171．水玻璃的特性有：胶结能力好、耐酸性能好（包括氢氟酸）。（　　）

A．对　　B．错

172．生产建筑石膏的原料主要是（　　）。

A．$MgSO_4$　　B．软石膏　　C．半水石膏　　D．$CaSO_4$

173．生产建筑石膏的原料主要是（　　）。

A．半水石膏　　B．$MgSO_4$　　C．二水石膏　　D．$MgCO_3$

174．建筑石膏凝结硬化比石灰（　　）。

A．快　　B．慢　　C．一般　　D．不确定

175．建筑石膏凝结硬化比石灰快。（　　）

A．对　　B．错

176．建筑石膏凝结硬化比石灰慢。（　　）

A．对　　B．错

177．建筑石膏凝结硬化很快，初凝不得早于（　　）分钟。

A．300　　B．45　　C．20　　D．6

178．建筑石膏凝结硬化很快，初凝不得早于（　　）分钟。

A．6　　B．30　　C．45　　D．60

179．建筑石膏初凝不得早于 6 分钟，终凝不得迟于 30 分钟。（　　）

A．对　　B．错

180．建筑石膏初凝不得早于 20 分钟。（　　）

A．对　　B．错

181．建筑石膏初凝不得早于 60 分钟。（　　）

A．对　　　　B．错

182．建筑石膏初凝不得早于 6 分钟，终凝不得迟于（　　）分钟。

A．30　　B．20　　C．10　　D．6

183．建筑石膏初凝不得早于 6 分钟，终凝不得迟于（　　）。

A．30 分钟　　B．45 分钟　　C．6.5 小时　　D．10 小时

184．建筑石膏终凝不得迟于 30 分钟，强度低且耐水性差。（　　）

A．对　　　　B．错

185．建筑石膏强度低，但耐水抗冻，终凝不得迟于 6.5 小时。（　　）

A．对　　　　B．错

186．建筑石膏硬化后强度低，保温隔热好，体积微膨胀，装饰性好。（　　）

A．对　　　　B．错

187．建筑石膏硬化后强度高，耐水性好，体积微膨胀，装饰性不好。（　　）

A．对　　　　B．错

188．建筑石膏硬化后保温隔热、吸声性能好，体积（　　），装饰性好。

A．微缩　　B．缩小　　C．不变　　D．微膨胀

189．建筑石膏硬化后保温隔热、吸声性能好，体积微膨胀，装饰性（　　）。

A．好　　B．差　　C．不好　　D．一般

190．建筑石膏硬化后保温隔热、吸声性能好，主要是其孔隙率大，强度低。（　　）

A．对　　　　B．错

191．建筑石膏硬化后保温隔热、吸声性能差，是由于孔隙率大，强度低。（　　）

A．对　　　　B．错

192．建筑石膏硬化后强度低，保温隔热、吸声性能（　　）。

A．差　　B．好　　C．小　　D．一般

193．建筑石膏硬化后孔隙率大，保温隔热、吸声性能好，强度（　　）。

A．大　　B．中　　C．低　　D．一般

194．建筑石膏硬化后强度低，保温隔热、吸声性能好，因为孔隙率（　　）。

A．大　　B．低　　C．小　　D．一般

195．建筑石膏比木材（　　）好。

A．硬度　　B．强度　　C．耐水　　D．防火性

196．建筑石膏孔隙率大，强度低，防火性好。（　　）

A．对　　　　B．错

197. 建筑石膏孔隙率大，强度低，耐水性差。（ ）

A. 对　　B. 错

198. 建筑石膏孔隙率大，强度低，（ ）差。

A. 吸声　　B. 保温隔热　　C. 耐水　　D. 可加工性

199. 建筑石膏孔隙率大，强度低，（ ）差。

A. 吸声　　B. 可加工性　　C. 抗冻　　D. 保温隔热

200. 建筑石膏孔隙率大，强度低，保温隔热差。（ ）

A. 对　　B. 错

201. 建筑石膏孔隙率大，强度低，抗冻性差。（ ）

A. 对　　B. 错

202. 建筑石膏孔隙率大，防火性好。（ ）

A. 对　　B. 错

203. 建筑石膏孔隙率大，防火性好，强度高。（ ）

A. 对　　B. 错

204. 就凝结时间而言，建筑石膏比石灰（ ）。

A. 短　　B. 长　　C. 一样　　D. 不一定

205. 就凝结速度而言，建筑石膏比石灰（ ）。

A. 慢　　B. 快　　C. 一样　　D. 不一定

第三章　水　　泥

1．紧急抢修混凝土工程最适宜选择（　　）水泥。

A．普通　　B．硅酸盐　　C．矿渣　　D．快凝快硬

2．紧急抢修混凝土工程最适宜选择（　　）水泥。

A．普通　　B．硅酸盐　　C．快凝快硬　　D．矿渣

3．紧急抢修混凝土工程最适宜选择矿渣硅酸盐水泥。（　　）

A．对　　B．错

4．紧急抢修混凝土工程最适宜选择快凝快硬水泥。（　　）

A．对　　B．错

5．紧急抢修混凝土工程最适宜选择粉煤灰硅酸盐水泥。（　　）

A．对　　B．错

6．紧急抢修工程宜选用（　　）。

A．硅酸盐水泥　　B．普通硅酸盐水泥

C．矿渣硅酸盐水泥　　D．石灰石硅酸盐水泥

7．紧急抢修工程宜选用（　　）。

A．硅酸盐水泥　　B．快凝硅酸盐水泥

C．普通硅酸盐水泥　　D．矿渣硅酸盐水泥

8．对于有硫酸盐侵蚀的混凝土工程，应优先选择（　　）水泥。

A．普通　　B．硅酸盐　　C．矿渣　　D．高铝

9．对于有硫酸盐侵蚀的混凝土工程，应优先选择（　　）水泥。

A．普通　　B．矿渣　　C．高铝　　D．硅酸盐

10．对于有硫酸盐侵蚀的混凝土工程，应优先选择（　　）水泥。

A．矿渣　　B．高铝　　C．普通　　D．硅酸盐

11．对于有硫酸盐侵蚀的混凝土工程，应优先选择矿渣水泥。（　　）

A．对　　B．错

12．对于有硫酸盐侵蚀的混凝土工程，应优先选择粉煤灰水泥。（　　）

A．对　　B．错

13．对于有硫酸盐侵蚀的混凝土工程，应优先选择高铝水泥。（　　）

A．对　　B．错

14．对于有硫酸盐侵蚀的混凝土工程，应优先选择普通水泥。（　　）

A．对　　B．错

15．对于大体积混凝土工程最适宜选择（　　）水泥。

A．普通　　B．硅酸盐　　C．矿渣　　D．快凝快硬

16．对于大体积混凝土工程最适宜选择快凝快硬水泥。（　　）

A．对　　B．错

17．对于大体积混凝土工程，应选择（　　）水泥。

A 硅酸盐　　B 普通　　C 矿渣　　D 高铝

18．对于大体积混凝土工程最适宜选择（　　）。

A．普通硅酸盐水泥　　B．中、低热水泥

C．砌筑水泥　　D．硅酸盐水泥

19．有耐热要求的混凝土工程，应优先选择（　　）水泥。

A．硅酸盐　　B．矿渣　　C．火山灰　　D．粉煤灰

20．有耐热要求的混凝土工程，应优先选择（　　）水泥。

A．矿渣　　B．硅酸盐　　C．火山灰　　D．粉煤灰

21．有耐热要求的混凝土工程，应优先选择矿渣硅酸盐水泥。（　　）

A．对　　B．错

22．有耐热要求的混凝土工程，应优先选择（　　）水泥。

A．粉煤灰　　B．火山灰　　C．硅酸盐　　D．矿渣

23．有耐热要求的混凝土工程，应优先选择粉煤灰硅酸盐水泥。（　　）

A．对　　B．错

24．有耐热要求的混凝土工程，应优先选择火山灰硅酸盐水泥。（　　）

A．对　　B．错

25．有抗渗要求的混凝土工程，应优先选择（　　）水泥。

A．硅酸盐　　B．矿渣　　C．火山灰　　D．粉煤灰

26．有抗渗要求的混凝土工程，应优先选择（　　）水泥。

A．火山灰　　B．粉煤灰　　C．硅酸盐　　D．矿渣

27．有抗渗要求的混凝土工程，应优先选择（　　）水泥。

A．矿渣　　B．硅酸盐　　C．粉煤灰　　D．火山灰

28．有抗渗要求的混凝土工程，应优先选择火山灰水泥。（　　）

A．对　　B．错

29．有抗渗要求的混凝土工程，应优先选择粉煤灰水泥。（　　）

A．对　　B．错

30．有抗渗要求的混凝土工程，应优先选择矿渣水泥。（　　）

A．对　　B．错

31．有抗冻要求的混凝土工程，在下列水泥中应优先选择（　　）硅酸盐水泥。

A．矿渣　　B．火山灰　　C．粉煤灰　　D．普通

32．有抗冻要求的混凝土工程，在下列水泥中应优先选择（　　）硅酸盐水泥。

A．普通　　B．矿渣　　C．火山灰　　D．粉煤灰

33．有抗冻要求的混凝土工程，应优先选择矿渣硅酸盐水泥。（　　）

A．对　　B．错

34．有抗冻要求的混凝土工程，应优先选择普通硅酸盐水泥。（　　）

A．对　　B．错

35．有抗冻要求的混凝土工程，应优先选择火山灰硅酸盐水泥。（　　）

A．对　　B．错

36．有抗冻要求的混凝土工程，应优先选择粉煤灰硅酸盐水泥。（　　）

A．对　　B．错

37．由硅酸盐水泥熟料、0～5%石灰石或粒化高炉矿渣、适量石膏磨细制成的水硬性胶凝材料，称为（　　）。

A．硅酸盐水泥　　B．普通硅酸盐水泥

C．矿渣硅酸盐水泥　　D．石灰石硅酸盐水泥

38．由硅酸盐水泥熟料、0～5%石灰石或粒化高炉矿渣、适量石膏磨细制成的水硬性胶凝材料，称为（　　）。

A．石灰石硅酸盐水泥　　B．矿渣硅酸盐水泥

C．普通硅酸盐水泥　　D．硅酸盐水泥

39．由硅酸盐水泥熟料、0～5%石灰石或粒化高炉矿渣、适量石膏磨细制成的水硬性胶凝材料，称为硅酸盐水泥。（　　）

A．对　　B．错

40．由硅酸盐水泥熟料、0～5%石灰石或粒化高炉矿渣、适量石膏磨细制成的水硬性胶凝材料，称为石灰石硅酸盐水泥。（　　）

A．对　　B．错

41．由硅酸盐水泥熟料、0～5%石灰石或粒化高炉矿渣、适量石膏磨细制成的水硬性胶凝材料，称为矿渣硅酸盐水泥。（　　）

A．对　　B．错

42. 由硅酸盐水泥熟料、0～5%石灰石或粒化高炉矿渣、适量石膏磨细制成的水硬性胶凝材料，称为普通硅酸盐水泥。（　　）

A. 对　　B. 错

43. 通用水泥的储存期一般不宜过长，一般不超过（　　）。

A. 一个月　　B. 三个月　　C. 六个月　　D. 一年

44. 通用水泥的储存期一般不宜过长，一般不超过（　　）。

A. 一年　　B. 六个月　　C. 三个月　　D. 一个月

45. 通用水泥的储存期一般不宜过长，一般不超过三个月。（　　）

A. 对　　B. 错

46. 通用水泥的储存期一般不宜过长，一般不超过六个月。（　　）

A. 对　　B. 错

47. 同厂家、同品种、同强度等级、同批次的水泥，应以（　　）为一个取样单位。

A. 60t　　B. 400t　　C. $60m^3$　　D. $400m^3$

48. 同厂家、同品种、同强度等级、同批次的水泥，应以400t为一个取样单位。（　　）

A. 对　　B. 错

49. 同厂家、同品种、同强度等级、同批次的水泥，应以60t为一个取样单位。（　　）

A. 对　　B. 错

50. 硅酸盐水泥熟料的四种主要矿物组成中（　　）水化反应速度最快。

A. C_2S　　B. C_3S　　C. C_3A　　D. C_4AF

51. 硅酸盐水泥熟料的四种主要矿物组成中（　　）水化反应速度最快。

A. C_2S　　B. C_3A　　C. C_3S　　D. C_4AF

52. 硅酸盐水泥熟料的四种主要矿物组成中C_3A水化反应速度最快。（　　）

A. 对　　B. 错

53. 硅酸盐水泥熟料的四种主要矿物组成中C_3S水化反应速度最快。（　　）

A. 对　　B. 错

54. 硅酸盐水泥熟料矿物中，水化热最高的是（　　）。

A. C_3S　　B. C_2S　　C. C_3A　　D. C_4AF

55. 硅酸盐水泥熟料矿物中，水化热最高的是（　　）。

A. C_3A　　B. C_3S　　C. C_2S　　D. C_4AF

56. 硅酸盐水泥熟料矿物中，水化热最高的是C_3A。（　　）

A. 对　　B. 错

57．硅酸盐水泥熟料矿物中，水化热最高的是C_3S。（　　）

A．对　　B．错

58．普通硅酸盐水泥的细度指标是（　　）。

A．0.08mm 方孔筛筛余量　　B．0.2mm 方孔筛筛余量

C．细度　　D．比表面积

59．普通硅酸盐水泥的细度指标是（　　）。

A．细度　　B．比表面积

C．0.2mm 方孔筛筛余量　　D．0.08mm 方孔筛筛余量

60．普通硅酸盐水泥的细度指标常用的方法有负压筛法。（　　）

A．对　　B．错

61．普通硅酸盐水泥的细度指标常用的方法有雷氏夹法。（　　）

A．对　　B．错

62．普通硅酸盐水泥的细度指标常用的方法有试饼法。（　　）

A．对　　B．错

63．测定普通硅酸盐水泥的细度指标常用的方法，下列不属于的有（　　）。

A．负压筛法　　B．水筛法　　C．比表面积法　　D．雷氏夹法

64．测定普通硅酸盐水泥的细度指标常用的方法，下列不属于的有（　　）。

A．负压筛法　　B．水筛法　　C．试饼法　　D．比表面积法

65．硅酸盐水泥越细，其（　　）值越大。

A．80μm 方孔筛筛余量　　B．比表面积

C．0.2mm 方孔筛筛余量　　D．破碎指标

66．硅酸盐水泥越细，其（　　）值越大。

A．比表面积　　B．破碎指标

C．0.2mm 方孔筛筛余量　　D．80μm 方孔筛筛余量

67．硅酸盐水泥越细，其比表面积值越大。（　　）

A．对　　B．错

68．硅酸盐水泥越细，其 80μm 方孔筛筛余量值越大。（　　）

A．对　　B．错

69．硅酸盐水泥越细，其比表面积值越小。（　　）

A．对　　B．错

70．硅酸盐水泥越细，其比表面积值越大。（　　）

A．对　　B．错

71．引起水泥安定性不良的原因是（　　）。

A．石膏掺量不足　　B．混合材料掺量过多

C．石膏掺量过多　　D．混合材料掺量不足

72．引起水泥安定性不良的原因是（　　）。

A．石膏掺量不足　　B．混合材料掺量过多

C．游离氧化镁过多　　D．混合材料掺量不足

73．国家标准规定：硅酸盐水泥的初凝不得早于（　　）分钟。

A．6　　B．30　　C．45　　D．60

74．国家标准规定：硅酸盐水泥的初凝不得早于45分钟。（　　）

A．对　　B．错

75．国家标准规定：硅酸盐水泥的初凝不得早于30分钟。（　　）

A．对　　B．错

76．国家标准规定：硅酸盐水泥的终凝不得迟于（　　）小时。

A．5　　B．6.5　　C．10　　D．12

77．国家标准规定：硅酸盐水泥的终凝不得迟于45分钟。（　　）

A．对　　B．错

78．国家标准规定：硅酸盐水泥的终凝不得迟于6.5小时。（　　）

A．对　　B．错

79．水泥试验中需检测水泥的标准稠度用水量，其检测目的是（　　）。

A．使得凝结时间和体积安定性具有准确可比性

B．判断水泥是否合格

C．判断水泥的需水性大小

D．该项指标是国家标准规定的必检项目

80．水泥试验中需检测水泥的标准稠度用水量，其检测目的是（　　）。

A．判断水泥是否合格

B．判断水泥的需水性大小

C．该项指标是国家标准规定的必检项目

D．使得凝结时间和体积安定性具有准确可比性

81．水泥试验中需检测水泥的标准稠度用水量，其检测目的是（　　）。

A．判断水泥是否合格

B．判断水泥的需水性大小

C．使得凝结时间和体积安定性具有准确可比性

D．该项指标是国家标准规定的必检项目

82．水泥试验中需检测水泥的标准稠度用水量，其检测目的是使得凝结时间和体积安定性具有准确可比性。（　　）

A．对　　B．错

83．水泥试验中需检测水泥的标准稠度用水量，其检测目的是判断水泥是否合格。（　　）

A．对　　B．错

84．下列材料中，属于非活性混合材料的是（　　）。

A．石灰石粉　　B．矿渣　　C．火山灰　　D．粉煤灰

85．粒化高炉矿渣属于非活性混合材料。（　　）。

A．对　　B．错

86．石灰石粉属于非活性混合材料。（　　）。

A．对　　B．错

87．下列材料中，属于非活性混合材料的是（　　）。

A．矿渣　　B．粉煤灰　　C．火山灰　　D．石灰石粉

88．粒化高炉矿渣属于活性混合材料。（　　）。

A．对　　B．错

89．下列材料中，属于活性混合材料的是（　　）。

A．慢冷矿渣　　B．粒化高炉矿渣　　C．石英砂　　D．石灰石

90．下列材料中，属于活性混合材料的是（　　）。

A．石灰石　　B．石英砂　　C．慢冷矿渣　　D．粒化高炉矿渣

91．石灰石属于活性混合材料。（　　）。

A．对　　B．错

92．石英砂属于活性混合材料。（　　）。

A．对　　B．错

93．慢冷矿渣属于活性混合材料。（　　）。

A．对　　B．错

94．下列材料中，属于非活性混合材料的是（　　）。

A．矿渣　　B．火山灰　　C．粉煤灰　　D．石英砂

95．下列材料中，属于非活性混合材料的是（　　）。

A．矿渣　　B．火山灰　　C．粉煤灰　　D．慢冷矿渣

96．在生产水泥时，若掺入的石膏量不足则会发生（　　）。

A．快凝现象　　B．水泥石收缩　　C．体积安定性不良　D．缓凝现象

97．在生产水泥时，若掺入的石膏量不足则会发生缓凝现象。（　　）

A. 对　　B. 错

98. 在生产水泥时，若掺入的石膏量不足则会发生体积安定性不良。（　　）

A. 对　　B. 错

99. 沸煮法只能检测出（　　）引起的水泥体积安定性不良。

A. SO_3含量超标　　B. 游离 CaO 含量超标

C. 游离 MgO 含量超标　　D. 石膏掺量超标

100. 沸煮法只能检测出（　　）引起的水泥体积安定性不良。

A. SO_3含量超标　　B. 石膏掺量超标

C. 游离 CaO 含量超标　　D. 游离 MgO 含量超标

101. 沸煮法只能检测出（　　）引起的水泥体积安定性不良。

A. SO_3含量超标　　B. 石膏掺量超标

C. 游离 MgO 含量超标　　D. 游离 CaO 含量超标

102. 水泥石产生腐蚀的内因是：水泥石中存在（　　）。

A. $3CaO\cdot 2SiO_2\cdot 3H_2O$　　B. $Ca(OH)_2$

C. CaO　　D. H_2O

103. 水泥石产生腐蚀的内因是：水泥石中存在（　　）。

A. H_2O　　B. CaO　　C. $Ca(OH)_2$　　D. $3CaO\cdot 2SiO_2\cdot 3H_2O$

104. 水泥石产生腐蚀的内因是：水泥石中存在极易受腐蚀的$Ca(OH)_2$。（　　）

A. 对　　B. 错

105. 水泥石产生腐蚀的内因是：水泥石中存在极易受腐蚀的 CaO。（　　）

A. 对　　B. 错

106. 水泥石产生腐蚀的内因是：水泥石中存在极易受腐蚀的$3CaO\cdot 2SiO_2\cdot 3H_2O$。（　　）

A. 对　　B. 错

107. 水泥与水形成的浆体在混凝土拌和物中起（　　）作用。

A. 润滑　　B. 胶凝　　C. 骨架　　D. 抑制水泥石收缩

108. 水泥与水形成的浆体在混凝土拌和物中起（　　）作用。

A. 润滑　　B. 骨架　　C. 胶凝　　D. 抑制水泥石收缩

109. 水泥与水形成的浆体在混凝土拌和物中起胶凝作用。（　　）

A. 对　　B. 错

110. 水泥与水形成的浆体在混凝土拌和物中起骨架作用。（　　）

A. 对　　B. 错

111. 水泥与水形成的浆体在混凝土拌和物中起抑制水泥石收缩作用。（　　）

A. 对　　B. 错

112．水泥安定性经（　　）检验必须合格。

A．坍落度法　　B．沸煮法　　C．筛分析法　　D．维勃稠度法

113．水泥安定性经沸煮法检验必须合格。（　　）

A．对　　B．错

114．水泥安定性经坍落度法检验必须合格。（　　）

A．对　　B．错

115．水泥安定性经筛分析法检验必须合格。（　　）

A．对　　B．错

116．建筑石膏与水泥、石灰相比较，其凝结硬化速度（　　）。

A．一般　　B．很快　　C．很慢　　D．不一定

117．水泥、石灰与建筑石膏相比较，其凝结硬化速度（　　）。

A．一般　　B．很快　　C．很慢　　D．不一定

118．水泥、石灰与建筑石膏相比较，其凝结硬化速度很慢。（　　）

A．对　　B．错

119．水泥、石灰与建筑石膏相比较，其凝结硬化速度很快。（　　）

A．对　　B．错

120．石膏的凝结硬化速度比水泥、石灰的要快。（　　）

A．对　　B．错

121．在生产水泥时必须掺入适量石膏是为了（　　）。

A．提高水泥产量　　B．延缓水泥凝结时间

C．防止水泥石产生腐蚀　　D．提高强度

122．在生产水泥时必须掺入适量石膏是为了延缓水泥凝结时间。（　　）

A．对　　B．错

123．在生产水泥时必须掺入适量石膏是为了（　　）。

A．提高强度　　B．提高水泥产量

C．延缓水泥凝结时间　　D．防止水泥石产生腐蚀

124．以下哪些技术性质不符合国家标准规定为废品水泥？（　　）

A．包装标志　　B．强度　　C．初凝时间　　D．终凝时间

125．以下哪些技术性质不符合国家标准规定为废品水泥？（　　）

A．包装标志　　B．强度　　C．体积安定性　　D．终凝时间

126．下列哪些物质含量超过标准规定时水泥不是废品？（　　）

A．混合材料　　B．三氧化硫　　C．石膏　　D．氧化镁

127．对于通用水泥，下列性能中（　　）不符合标准规定的为废品。

A．终凝时间　　B．体积安定性

C．混合材料掺量　　D．包装标志

128．对于通用水泥，下列性能中（　　）不符合标准规定的为废品。

A．终凝时间　　B．包装标志　　C．体积安定性　　D．混合材料掺量

129．在生产水泥时，必须掺入适量石膏，若掺入的石膏过量则会发生（　　）。

A．快凝现象　　B．水泥石腐蚀

C．体积安定性不良　　D．缓凝现象

130．在生产水泥时，必须掺入适量石膏，若掺入的石膏过量则会发生（　　）。

A．快凝现象　　B．缓凝现象　　C．水泥石腐蚀　　D．体积安定性不良

131．掺入适量石膏在生产水泥时的目的是（　　）。

A．提高水泥性能　　B．延缓水泥凝结时间

C．提高水泥强度　　D．防止水泥石产生腐蚀

132．适量石膏的加入在生产水泥时是为了（　　）。

A．提高强度　　B．提高水泥产量

C．延缓水泥凝结时间　　D．防止水泥石产生腐蚀

133．在生产水泥时，必须掺入适量石膏，若掺入的石膏过量则会发生体积安定性不良。（　　）

A．对　　B．错

134．在生产水泥时，必须掺入适量石膏，若掺入的石膏过量则会发生缓凝现象。（　　）

A．对　　B．错

135．加入适量的石膏，在生产水泥时是为了延缓水泥凝结时间。（　　）

A．对　　B．错

136．在生产水泥时必须掺入适量石膏是为了提高水泥产量。（　　）

A．对　　B．错

137．在硅酸盐水泥熟料的四种主要矿物组成中（　　）水化反应速度最慢。

A．C_2S　　B．C_3S　　C．C_3A　　D．C_4AF

138．在硅酸盐水泥熟料的四种主要矿物组成中 C_3A 水化反应速度最慢。（　　）

A．对　　B．错

139．在硅酸盐水泥熟料的四种主要矿物组成中 C_2S 水化反应速度最慢。（　　）

A．对　　B．错

140．由硅酸盐水泥熟料、20%～70%粒化高炉矿渣、适量石膏磨细制成的水硬性胶凝材料，称为（　　）。

A．硅酸盐水泥　　B．普通硅酸盐水泥
C．矿渣硅酸盐水泥　　D．石灰石硅酸盐水泥

141．由硅酸盐水泥熟料、20%～70%粒化高炉矿渣、适量石膏磨细制成的水硬性胶凝材料，称为（　　）。
A．硅酸盐水泥　　B．矿渣硅酸盐水泥
C．石灰石硅酸盐水泥　　D．普通硅酸盐水泥

142．由硅酸盐水泥熟料、20%～70%粒化高炉矿渣、适量石膏磨细制成的水硬性胶凝材料，称为矿渣硅酸盐水泥。（　　）
A．对　　B．错

143．由硅酸盐水泥熟料、20%～70%粒化高炉矿渣、适量石膏磨细制成的水硬性胶凝材料，称为普通硅酸盐水泥。（　　）
A．对　　B．错

144．通用水泥的储存期不宜过长，一般不超过3个月，超过（　　）个月就必须要经过试验才能使用。
A．1　　B．4　　C．6　　D．8

145．通用水泥的储存期不宜过长，一般不超过3个月，超过6个月就必须要经过试验才能使用。（　　）
A．对　　B．错

146．通用水泥的储存期不宜过长，一般不超过3个月，超过5个月就必须要经过试验才能使用。（　　）
A．对　　B．错

147．通用水泥的储存期不宜过长，一般存放3个月以上的水泥，其强度约降低（　　）。
A．10%～20%　　B．10%～15%　　C．5%～10%

148．通用水泥的储存期不宜过长，一般存放6个月的水泥，其强度约降低（　　）。
A．10%～20%　　B．15%～25%　　C．15%～30%

149．通用水泥的储存期不宜过长，一般存放一年后的水泥，其强度约降低（　　）。
A．10%～20%　　B．15%～30%　　C．25%～40%　　D．35%～40%

150．国家标准规定，普通硅酸盐水泥的终凝时间为（　　）。
A．不迟于30分钟　　B．不迟于45分钟
C．不迟于390分钟　　D．不迟于600分钟

151．硅酸盐水泥的比表面积应不小于（　　）。
A．300m^2/kg　　B．200m^2/kg　　C．100m^2/kg　　D．400m^2/kg

152．硅酸盐水泥的比表面积应不小于 400m^2/kg。（　　）

A．对　　B．错

153．硅酸盐水泥的比表面积应不小于 300m^2/kg。（　　）

A．对　　B．错

154．国家标准规定，硅酸盐水泥中 MgO 含量不得超过（　　）。

A．0.75%　　B．1.5%　　C．3.5%　　D．5.0%

155．国家标准规定，硅酸盐水泥中 MgO 含量不得超过（　　）。

A．5.0%　　B．3.5%　　C．1.5%　　D．0.75%

156．国家标准规定，硅酸盐水泥中 MgO 含量不得超过 5.0%。（　　）

A．对　　B．错

157．国家标准规定，硅酸盐水泥中 MgO 含量不得超过 3.5%。（　　）

A．对　　B．错

158．在硅酸盐水泥熟料的四种主要矿物组成中，（　　）对强度的贡献最大。

A．C_3S　　B．C_2S　　C．C_3A　　D．C_4AF

159．在硅酸盐水泥熟料的四种主要矿物组成中，C_3A 对强度的贡献最大。（　　）

A．对　　B．错

160．在硅酸盐水泥熟料的四种主要矿物组成中，C_3S 对强度的贡献最大。（　　）

A．对　　B．错

161．由硅酸盐水泥熟料、6%～15%混合材料、适量石膏磨细制成的水硬性胶凝材料，称为（　　）。

A．普通硅酸盐水泥　　B．硅酸盐水泥

C．矿渣硅酸盐水泥　　D．石灰石硅酸盐水泥

162．由硅酸盐水泥熟料、5%～20%混合材料、适量石膏磨细制成的水硬性胶凝材料，称为（　　）。

A．石灰石硅酸盐水泥　　B．硅酸盐水泥

C．矿渣硅酸盐水泥　　D．普通硅酸盐水泥

163．由硅酸盐水泥熟料、12%～20%混合材料、适量石膏磨细制成的水硬性胶凝材料，称为（　　）。

A．普通硅酸盐水泥　　B．硅酸盐水泥

C．矿渣硅酸盐水泥　　D．石灰石硅酸盐水泥

164．水泥胶砂试件的标准养护条件是（　　）。

A．温度（20±3）℃，相对湿度 90%以上

B．温度（20±3）℃，相对湿度 95%以上

C．温度（20±1）℃，相对湿度90%以上
D．温度（20±1）℃，相对湿度95%以上

165．水泥胶砂试件的标准养护条件是：温度（20±1）℃，相对湿度95%以上。（　　）
A．对　　B．错

166．水泥胶砂试件的标准养护条件是：温度（20±3）℃，相对湿度90%以上。（　　）
A．对　　B．错

167．普通硅酸盐水泥的细度指标是80μm方孔筛筛余量，它是指水泥中（　　）与水泥总质量之比。
A．大于80μm的水泥颗粒质量　　B．小于80μm的水泥颗粒质量
C．熟料颗粒质量　　D．杂质颗粒质量

168．普通硅酸盐水泥的细度指标是80μm方孔筛筛余量，它是指水泥中大于80μm的水泥颗粒质量与水泥总质量之比。（　　）
A．对　　B．错

169．普通硅酸盐水泥的细度指标是80μm方孔筛筛余量，它是指水泥中小于80μm的水泥颗粒质量与水泥总质量之比。（　　）
A．对　　B．错

170．普通硅酸盐水泥的细度指标是80μm方孔筛筛余量，它是指水泥中杂质颗粒质量与水泥总质量之比。（　　）
A．对　　B．错

171．普通硅酸盐水泥的细度指标是80μm方孔筛筛余量，它是指水泥中熟料颗粒质量与水泥总质量之比。（　　）
A．对　　B．错

172．水泥石产生腐蚀的内因是：水泥石中存在大量（　　）结晶。
A．C-S-H　　B．$Ca(OH)_2$　　C．CaO　　D．环境水

173．制作水泥胶砂试件时，使用的砂是（　　）。
A．普通河砂　　B．中国ISO标准砂
C．海砂　　D．山砂

174．制作水泥胶砂试件时，使用的砂是中国ISO标准砂。（　　）
A．对　　B．错

175．制作水泥胶砂试件时，使用的砂是河砂。（　　）
A．对　　B．错

176．下列材料中，属于非活性混合材料的是（　　）。
A．粉煤灰　　B．粒化高炉矿渣　　C．石英砂　　D．火山灰凝灰岩

177．国家标准规定：普通硅酸盐水泥初凝不早于45分钟，终凝不迟于390分钟。（　　）
A．对　　B．错

178．国家标准规定：普通硅酸盐水泥初凝不早于45分钟，终凝不迟于600分钟。（　　）
A．对　　B．错

179．水泥初凝时间是指从水泥加水至水泥浆完全失去可塑性为止所需要的时间。（　　）
A．对　　B．错

180．水泥初凝时间是指从水泥加水至水泥浆开始失去可塑性为止所需要的时间。（　　）
A．对　　B．错

181．水泥终凝时间是指从水泥加水至水泥浆完全失去可塑性为止所需要的时间。（　　）
A．对　　B．错

182．42.5R表示（　　）。
A．混凝土立方体抗压强度等级　　B．砂浆立方体抗压强度等级
C．砖的抗压强度等级　　D．水泥的强度等级

183．下列表示水泥强度等级的是（　　）。
A．42.5R　　B．C30　　C．MU15　　D．M7.5

184．水泥在运输和保管期间，应注意（　　）方面
A．防潮　　B．不能混杂　　C．有效期　　D．以上全部

185．掺大量混合材料的硅酸盐水泥适合于（　　）。
A．自然养护　　B．蒸汽养护　　C．标准养护　　D．水中养护

186．一座普通教学楼工程，宜选用（　　）。
A．硅酸盐水泥　　B．普通硅酸盐水泥
C．矿渣硅酸盐水泥　　D．石灰石硅酸盐水泥

187．水泥检测强度低于商品水泥强度等级规定者为废品水泥。（　　）
A．对　　B．错

188．水泥石产生腐蚀方式没有（　　）。
A．物理腐蚀　　B．化学腐蚀　　C．酸性腐蚀　　D．软水腐蚀

189．制作水泥胶砂试件，其配合比为：水泥∶中国ISO标准砂∶水＝（　　）。
A．1∶3∶0.5　　B．1∶2∶0.5　　C．1∶3∶0.6　　D．1∶2∶0.6

190．制作水泥胶砂试件，其配合比为：水泥∶中国ISO标准砂∶水＝（　　）。
A．1∶2∶0.5　　B．1∶2∶0.6　　C．1∶3∶0.5　　D．1∶3∶0.6

191．制作水泥胶砂试件，其配合比为：水泥∶中国ISO标准砂∶水＝1∶3∶0.5。（　　）
A．对　　B．错

192．制作水泥胶砂试件，其配合比为：水泥∶中国 ISO 标准砂∶水＝1∶2∶0.5。（　　）

A．对　　　　B．错

193．水泥胶砂试件的尺寸是（　　）。

A．40mm×40mm×160mm　　　　B．70.7mm×70.7mm×70.7mm

C．150mm×150mm×150mm　　　　D．200mm×200mm×200mm

194．水泥胶砂试件的尺寸是（　　）。

A．70.7mm×70.7mm×70.7mm　　　　B．100mm×100mm×100mm

C．150mm×150mm×150mm　　　　D．40mm×40mm×160mm

195．水泥胶砂试件的尺寸是 70.7mm×70.7mm×70.7mm。（　　）

A．对　　　　B．错

196．水泥胶砂试件的尺寸是 150mm×150mm×150mm。（　　）

A．对　　　　B．错

197．水泥胶砂试件的尺寸是 40mm×40mm×160mm。（　　）

A．对　　　　B．错

198．硅酸盐水泥熟料矿物中，水化热最高的是 C_3A。（　　）

A．对　　　　B．错

199．硅酸盐水泥熟料矿物中，水化热最高的是 C_3S。（　　）

A．对　　　　B．错

200．普通硅酸盐水泥的细度指标是（　　）。

A．0.08mm 方孔筛筛余量　　　　B．0.2mm 方孔筛筛余量

C．细度　　　　D．比表面积

201．在生产水泥时，必须掺入适量石膏，若掺入的石膏过量则会发生体积安定性不良。（　　）

A．对　　　　B．错

202．在生产水泥时，必须掺入适量石膏，若掺入的石膏过量则会发生缓凝现象。（　　）

A．对　　　　B．错

203．在生产水泥时必须掺入适量石膏是为了延缓水泥凝结时间。（　　）

A．对　　　　B．错

204．在生产水泥时必须掺入适量石膏是为了提高水泥产量。（　　）

A．对　　　　B．错

205．通用水泥的储存期不宜过长，一般存放 3 个月以上的水泥，其强度约降低（　　）。

A．5%～10%　　B．10%～15%　　C．10%～20%

206. 通用水泥的储存期不宜过长，一般存放 3 个月以上的水泥，其强度约降低 10%～20%。（　　）

A. 对　　B. 错

207. 通用水泥的储存期不宜过长，一般存放 3 个月以上的水泥，其强度约降低 10%～15%。（　　）

A. 对　　B. 错

208. 通用水泥的储存期不宜过长，一般存放 3 个月以上的水泥，其强度约降低 5%～10%。（　　）

A. 对　　B. 错

209. 通用水泥的储存期不宜过长，一般存放 6 个月的水泥，其强度约降低（　　）。

A. 15%～30%　　B. 15%～25%　　C. 10%～20%

210. 通用水泥的储存期不宜过长，一般存放 6 个月的水泥，其强度约降低 15%～30%。（　　）

A. 对　　B. 错

211. 通用水泥的储存期不宜过长，一般存放 6 个月的水泥，其强度约降低 15%～25%。（　　）

A. 对　　B. 错

212. 通用水泥的储存期不宜过长，一般存放 6 个月的水泥，其强度约降低 10%～20%。（　　）

A. 对　　B. 错

213. 一般水泥会随着存放时间的延长而强度下降，若通用水泥存放一年后，其强度约降低（　　）。

A. 10%～20%　　B. 15%～30%　　C. 25%～40%　　D. 35%～40%

214. 通用水泥的储存期不宜过长，一般存放一年后的水泥，其强度约降低 25%～40%。（　　）

A. 对　　B. 错

215. 通用水泥的储存期不宜过长，一般存放一年后的水泥，其强度约降低 15%～30%。（　　）

A. 对　　B. 错

216. 通用水泥的储存期不宜过长，一般存放一年后的水泥，其强度约降低 35%～40%。（　　）

A. 对　　B. 错

217. 国家标准规定，普通硅酸盐水泥的终凝时间为（　　）。

A. 不迟于 30 分钟　　B. 不迟于 45 分钟

C. 不迟于 390 分钟　　D. 不迟于 600 分钟

218．国家标准规定，普通硅酸盐水泥的终凝时间为不迟于 600 分钟。（　　）

A．对　　　　B．错

219．国家标准规定，普通硅酸盐水泥的终凝时间为不迟于 390 分钟。（　　）

A．对　　　　B．错

220．国家标准规定，普通硅酸盐水泥的终凝时间为不迟于 45 分钟。（　　）

A．对　　　　B．错

221．硅酸盐水泥的比表面积应不小于（　　）。

A．$300m^2/kg$　　B．$200m^2/kg$　　C．$100m^2/kg$　　D．$400m^2/kg$

222．硅酸盐水泥的比表面积应不小于（　　）。

A．$100m^2/kg$　　B．$200m^2/kg$　　C．$300m^2/kg$　　D．$400m^2/kg$

223．硅酸盐水泥的比表面积应不小于 $300m^2/kg$。（　　）

A．对　　　　B．错

224．硅酸盐水泥的比表面积应不小于 $400m^2/kg$。（　　）

A．对　　　　B．错

225．硅酸盐水泥的比表面积应不小于 $350m^2/kg$。（　　）

A．对　　　　B．错

226．硅酸盐水泥是典型的水硬性胶凝材料，和石灰一样。（　　）。

A．对　　　　B．错

227．硅酸盐水泥是典型的水硬性胶凝材料（　　）。

A．对　　　　B．错

228．硅酸盐水泥是典型的水硬性胶凝材料，和水玻璃一样。（　　）。

A．对　　　　B．错

229．硅酸盐水泥是典型的水硬性胶凝材料，而且均为混合物。（　　）。

A．对　　　　B．错

230．下列说法错误的是（　　）。

A．硅酸盐水泥是胶凝材料　　　　B．硅酸盐水泥是水硬性胶凝材料

C．硅酸盐水泥是气硬性胶凝材料　　　　D．硅酸盐水泥是混合物

231．下列说法错误的是（　　）。

A．硅酸盐水泥是混合物　　　　B．硅酸盐水泥是胶凝材料

C．硅酸盐水泥是水硬性胶凝材料　　　　D．硅酸盐水泥是气硬性胶凝材料

第四章 混 凝 土

1．普通混凝土用砂应选择（　　）较好。

A．空隙率小的　　B．尽可能粗的

C．尽可能细的　　D．在空隙率较小的条件下尽可能粗的

2．普通混凝土用砂应选择（　　）较好。

A．空隙率小　　B．在空隙率较小的条件下尽可能粗

C．尽可能细　　D．在空隙率较小的条件下尽可能细

3．混凝土用砂的细度模数一般在（　　）范围内。

A．3.7～1.6　　B．3.7～3.1　　C．1.6～2.2　　D．2.3～3.0

4．混凝土用砂的细度模数一般在（　　）范围内。

A．1.6～2.2　　B．2.3～3.0　　C．3.7～1.6　　D．3.7～3.1

5．混凝土用砂，其细度模数在（　　）范围质量最好。

A．3.7～1.6　　B．3.7～3.1　　C．3.0～2.3　　D．2.2～1.6

6．在混凝土配合比一定的情况下，砂率过大，混凝土拌和物的流动性（　　）。

A．越大　　B．越小　　C．不变　　D．不一定

7．测定混凝土立方体抗压强度时，混凝土标准试件的尺寸是（　　）。

A．100mm×100mm×100mm　　B．150mm×150mm×150mm

C．200mm×200mm×200mm　　D．40mm×40mm×160mm

8．测定混凝土立方体抗压强度时，混凝土标准试件的尺寸是（　　）。

A．40mm×40mm×160mm　　B．70.7mm×70.7mm×70.7mm

C．150mm×150mm×150mm　　D．200mm×200mm×200mm

9．测定混凝土立方体抗压强度时，混凝土标准试件的尺寸是150mm×150mm×150mm。（　　）

A．对　　B．错

10．测定混凝土立方体抗压强度时，混凝土标准试件的尺寸是 40mm×40mm×160mm。（　　）

A．对　　B．错

11．测定混凝土立方体抗压强度时，混凝土标准试件的尺寸是70.7mm×70.7mm×70.7mm。（　　）

A．对　　B．错

12．划分混凝土强度等级的依据是（　　）。
A．立方体抗压强度
B．立方体抗压强度标准值
C．轴心抗压强度
D．抗拉强度

13．混凝土的水灰比值在一定范围内越大，则其强度（　　）。
A．越低　B．越高　C．不变　D．不一定

14．混凝土的水灰比值在一定范围内越大，则其强度越低。（　　）
A．对　B．错

15．混凝土的水灰比值在一定范围内越大，则其强度越高。（　　）
A．对　B．错

16．提高混凝土拌和物的流动性，可采取的措施是（　　）。
A．减少单位用水量
B．提高砂率
C．增大水灰比
D．在保持水灰比一定的条件下，同时增加水泥用量和用水量（即增加水泥浆量）

17．（　　）砂的级配情况最好。
A．细　B．中　C．粗　D．特细

18．（　　）区砂的质量最好。
A．Ⅰ　B．Ⅱ　C．Ⅲ　D．Ⅳ

19．在相同条件下，碎石混凝土与卵石混凝土相比较，其（　　）。
A．流动性好　B．黏聚性好　C．保水性好　D．强度高

20．在相同条件下，卵石混凝土与碎石混凝土相比较，其（　　）。
A．流动性好　B．黏聚性好　C．保水性好　D．强度高

21．在相同条件下，卵石混凝土比碎石混凝土流动性好。（　　）
A．对　B．错

22．在相同条件下，卵石混凝土比碎石混凝土强度高。（　　）
A．对　B．错

23．在相同条件下，碎石混凝土比卵石混凝土流动性好。（　　）
A．对　B．错

24．在相同条件下，碎石混凝土比卵石混凝土强度高。（　　）
A．对　B．错

25．合理砂率是指在用水量和水泥用量一定的情况下，能使混凝土拌和物获得（　　）流动性，同时保持良好黏聚性和保水性的砂率值。
A．最大　B．最小　C．一般　D．不变

26．合理砂率是指在用水量和水泥用量一定的情况下，能使混凝土拌和物获得最大流动性，同时保持良好黏聚性和保水性的砂率值。（　　）

A．对　　　　B．错

27．测定混凝土立方体抗压强度时，试件的标准养护条件是（　　）。

A．温度（20±3）℃，相对湿度90%以上

B．温度（20±3）℃，相对湿度95%以上

C．温度（20±2）℃，相对湿度90%以上

D．温度（20±2）℃，相对湿度95%以上

28．测定混凝土立方体抗压强度时，试件的标准养护条件是（　　）。

A．温度（20±2）℃，相对湿度90%以上

B．温度（20±2）℃，相对湿度95%以上

C．温度（20±3）℃，相对湿度90%以上

D．温度（20±3）℃，相对湿度95%以上

29．测定混凝土立方体抗压强度时，试件的标准养护条件是温度（20±2）℃，相对湿度95%以上。（　　）

A．对　　　　B．错

30．测定混凝土立方体抗压强度时，试件的标准养护条件是温度（20±3）℃，相对湿度90%以上。（　　）

A．对　　　　B．错

31．若混凝土用砂的颗粒级配不合格，则（　　）。

A．须进行人工调配至级配合格　　　　B．弃之不用

C．作不合格品处理　　　　D．须调整混凝土配合比

32．试配少量混凝土，制作标准立方体试件，测得其立方体抗压强度为45.6MPa，而其设计强度等级为C30，则对于该混凝土应（　　）。

A．判断混凝土强度不符合要求

B．调整混凝土的配合比直至达到设计的强度等级要求

C．判断混凝土的强度符合要求

D．判断混凝土的质量很好

33．对于施工现场的砂石而言，为了确定其空隙率的大小，需要检测（　　）。

A．实际密度　　　　B．体积密度　　　　C．表观密度和堆积密度

34．试配少量混凝土，其组成材料用量分别为水2.7kg，水泥4.5kg，砂9.9kg，石子18.9kg；经试验调整，增加水泥浆量15%，并测得混凝土拌和物的湿表观密度为2380kg/m^3。试计算每立方米混凝土的各组成材料的用量为（　　）。

A．水199kg，水泥332kg，砂635kg，石子1213kg

B．水199kg，水泥280kg，砂635kg，石子1200kg

C．水 195kg，水泥 332kg，砂 535kg，石子 1213kg

35. 试配少量混凝土，各组成材料的用量分别为水 2.75kg，水泥 4.5kg，砂 9.9kg，石子 18.9kg；经试验调整和易性后增加水泥浆量 10%，并测得混凝土拌和物的湿表观密度为 2400kg/m^3。试计算每立方米混凝土中各组成材料的用量为（　　）。

A．水 199kg，水泥 332kg，砂 635kg，石子 1213kg

B．水 197kg，水泥 323kg，砂 646kg，石子 1234kg

C．水 195kg，水泥 332kg，砂 535kg，石子 1213kg

36. 试配少量混凝土，其组成材料用量分别为水 2.7kg，水泥 4.5kg，砂 9.9kg，石子 18.9kg；经试验调整，增加水泥浆量 15%，并测得混凝土拌和物的湿表观密度为 2380kg/m^3。试计算每立方米混凝土的各组成材料的用量为水 199kg，水泥 332kg，砂 635kg，石子 1213kg。（　　）

A．对　　B．错

37. 试配少量混凝土，各组成材料的用量分别为水 2.75kg，水泥 4.5kg，砂 9.9kg，石子 18.9kg；经试验调整和易性后增加水泥浆量 10%，并测得混凝土拌和物的湿表观密度为 2400kg/m^3。试计算每立方米混凝土中各组成材料的用量为水 197kg，水泥 323kg，砂 646kg，石子 1234kg。（　　）

A．对　　B．错

38. 有一工地施工人员拟采用下述几种方案以提高混凝土拌和物的流动性，则（　　）方案可行。

A．多加水　　B．水灰比不变，增加水泥浆量　　C．加强振捣

39. 有一工地施工人员拟采用下述几种方案以提高混凝土拌和物的流动性，则（　　）方案可行。

A．多加水　　B．加入减水剂　　C．加强振捣

40. 有一工地施工人员拟采用下述几种方案以提高混凝土拌和物的流动性，则（　　）方案不可行。

A．多加水　　B．水灰比不变，增加水泥浆量　　C．加入减水剂

41. 有一工地施工人员拟采用下述几种方案以提高混凝土拌和物的流动性，则（　　）方案不可行。

A．水灰比不变，增加水泥浆量　　B．加入减水剂　　C．加强振捣

42. 测定混凝土立方体抗压强度时，标准试件的尺寸是（　　）。

A．70.7mm×70.7mm×70.7mm　　B．100mm×100mm×100mm

C．150mm×150mm×150mm　　D．200mm×200mm×200mm

43. 一般常用（　　）砂来配制普通水泥混凝土。

A．粗　　B．中　　C．细　　D．特细

44．一般常用（　　）砂来配制普通水泥混凝土。

A．特细　　B．细　　C．中　　D．粗

45．混凝土用石子的最大粒径不得（　　）。

A．超过截面最小尺寸的 1/4　　B．等于截面最小尺寸的 1/4

C．等于钢筋间净距的 3/4

46．混凝土用石子的最大粒径不得（　　）。

A．等于截面最小尺寸的 1/4　　B．等于钢筋间净距的 3/4

C．大于钢筋间净距的 3/4

47．提高混凝土拌和物的流动性，可采取的措施是（　　）。

A．增加单位用水量

B．提高砂率

C．增大水灰比

D．保持水灰比不变，同时增加水泥用量和用水量

48．下列选项中不是影响混凝土强度的主要因素有（　　）

A．水泥强度等级　　B．龄期　　C．水灰比　　D．水泥浆量

49．下列选项中不是影响混凝土强度的主要因素有（　　）

A．龄期　　B．水灰比　　C．水泥浆量　　D．水泥强度等级

50．某混凝土，其实验室配合比为 $M_C:M_S:M_G=1:2.10:4.68$，$M_W/M_C=0.52$。现场砂、石的含水率分别为 2%和 1%，该混凝土的施工配合比是（　　）。

A．1∶2.14∶4.72　　B．1∶2.10∶4.68

C．1∶2.20∶4.68

51．某混凝土，其实验室配合比为 $M_C:M_S:M_G=1:2.10:4.68$，$M_W/M_C=0.52$。现场砂、石的含水率分别为 2%和 1%，该混凝土的施工配合比是（　　）。

A．1∶2.20∶4.68　　B．1∶2.10∶4.68

C．1∶2.14∶4.72

52．某混凝土，其实验室配合比为 $M_C:M_S:M_G=1:2.10:4.68$，$M_W/M_C=0.52$。现场砂、石的含水率分别为 2%和 1%，该混凝土的施工配合比是 1∶2.14∶4.72。（　　）

A．对　　B．错

53．混凝土拌和物的和易性包括（　　）。

A．流动性、黏聚性、保水性　　B．流动性、分散性、保水性

C．扩散性、黏聚性、保水性

54．对塑性混凝土测定方法是（　　）。

A．分层法　　B．维勃稠度法　　C．坍落度法

55．对塑性混凝土测定方法是维勃稠度法。（　　）

A．对　　　　　　　　　　B．错

56．对干硬性混凝土测定方法是（　　）。

A．分层法　　B．维勃稠度法　　C．坍落度法

57．对干硬性混凝土测定方法是维勃稠度法。（　　）

A．对　　　　　　　　　　B．错

58．增加加气混凝土砌块墙厚度，该加气混凝土的导热系数（　　）。

A．增大　　B．减小　　C．不变　　D．不一定

59．增加加气混凝土砌块墙厚度，该加气混凝土的导热系数不变。（　　）

A．对　　　　　　　　　　B．错

60．增加加气混凝土砌块墙厚度，该加气混凝土的导热系数增大。（　　）

A．对　　　　　　　　　　B．错

61．增加加气混凝土砌块墙厚度，该加气混凝土的导热系数减小。（　　）

A．对　　　　　　　　　　B．错

62．细度模数在 1.6～2.2 为（　　）。

A．粗砂　　B．中砂　　C．细砂　　D．特细砂

63．细度模数在 3.0～2.3 为（　　）。

A．粗砂　　B．中砂　　C．细砂　　D．特细砂

64．细度模数在 3.7～3.1 为（　　）。

A．粗砂　　B．中砂　　C．细砂　　D．特细砂

65．在混凝土拌和用砂中，（　　）最干净。

A．河砂　　B．山砂　　C．海砂　　D．机制砂

66．砂率越大，混凝土中骨料的总表面积（　　）。

A．越大　　B．越小　　C．越好　　D．无变化

67．砂率越小，混凝土中骨料的总表面积（　　）。

A．越大　　B．越小　　C．越好　　D．无变化

68．砂率越大，混凝土中骨料的总表面积越大。（　　）

A．对　　　　　　　　　　B．错

69．砂率越小，混凝土中骨料的总表面积越大。（　　）

A．对　　　　　　　　　　B．错

70．混凝土的水灰比值在 0.4～0.8 范围内，比值越大，则其强度（　　）。

A．越低　　B．越高　　C．不变　　D．无影响

71．混凝土的水灰比值在 0.4～0.8 范围内，比值越大，则其强度越高。（　　）

A．对　　B．错

72．在钢筋混凝土结构计算中，对于轴心受压构件，都采用混凝土的（　　）作为设计依据。

A．立方体抗压强度　　B．立方体抗压强度标准值

C．轴心抗压强度　　D．抗拉强度

73．下列表示混凝土强度等级的是（　　）。

A．C20　　B．M20　　C．MU20　　D．F20

74．混凝土试件的标准龄期为（　　）。

A．3 天　　B．28 天　　C．3 天和 28 天　　D．7 天

75．混凝土试件的标准龄期为 3 天。（　　）

A．对　　B．错

76．混凝土试件的标准龄期为 28 天。（　　）

A．对　　B．错

77．影响混凝土强度的因素是（　　）。

A．水泥强度等级与水灰比、骨料的性质

B．养护条件、龄期、施工质量

C．水泥强度等级与水灰比、骨料的性质、龄期

D．水泥强度等级与水灰比、骨料的性质以及养护条件、龄期等

78．对于高强混凝土工程最适宜选择（　　）水泥。

A．普通　　B．硅酸盐　　C．矿渣　　D．粉煤灰

79．用 42.5 强度等级的普通水泥拌制碎石混凝土，水灰比为 0.5，制作一组标准立方体试件，试估计该混凝土标准养护 28 天的立方体抗压强度是（　　）。（α_a=0.46，α_b=0.07）

A．37.7MPa　　B．40.6MPa　　C．42.6MPa　　D．45.0MPa

80．混凝土拌和物的强度主要取决于（　　）。

A．单位用水量　　B．水泥的强度　　C．水灰比　　D．水泥用量

81．硬化混凝土的强度主要取决于（　　）。

A．砂率　　B．水灰比

C．水泥的强度等级　　D．单位用水量

82．有一组立方体建材试件，试件的尺寸为 150mm×150mm×150mm，根据它们的尺寸应是（　　）试件。

A．水泥胶砂　　B．混凝土立方体抗压强度

C．砂浆立方体抗压强度　　D．烧结普通砖

83．建筑工程中判断混凝土质量的主要依据是（　　）。

A．立方体抗压强度　　　　B．立方体抗压强度标准值
C．轴心抗压强度　　　　D．抗拉强度

84．混凝土拌和物的流动性主要取决于（　　）。
A．单位用水量　B．水泥的强度　C．砂　D．水泥用量

85．混凝土拌和物的流动性主要取决于（　　）。
A．水泥用量　B．水泥的强度　C．砂　D．单位用水量

86．混凝土拌和物的流动性主要取决于（　　）。
A．砂　B．水泥用量　C．单位用水量　D．水泥的强度

87．混凝土砂率是指混凝土中砂的质量占（　　）的百分率。
A．混凝土总质量　B．砂质量　C．砂石质量　D．水泥浆质量

88．混凝土砂率是指混凝土中砂的质量占（　　）的百分率。
A．砂质量　B．砂石质量　C．水泥浆质量　D．混凝土总质量

89．不是石子级配的有（　　）。
A．连续级配　B．间断级配　C．混合级配　D．单粒级

90．不是石子级配的有（　　）。
A．单粒级　B．连续级配　C．间断级配　D．混合级配

91．混凝土大量使用在现代建筑工程中，不是其优点的有（　　）。
A．原材料丰富，来源广泛　　　　B．体积密度大
C．抗压强度较高　　　　D．能与钢筋共同工作，并保护钢筋不生锈

92．混凝土大量使用在现代建筑工程中，不是其优点的有（　　）。
A．体积密度大　　　　B．抗压强度较高
C．原材料丰富，来源广泛　　　　D．能与钢筋共同工作，并保护钢筋不生锈

93．粗细程度相同的砂，其级配也相同。（　　）
A．对　　　　B．错

94．级配良好的砂石，其空隙率（　　）。
A．无影响　B．较大　C．较小　D．不变

95．级配良好的砂石，其空隙率（　　）。
A．较小　B．较大　C．不变　D．无影响

96．级配良好的砂石，其空隙率较小。（　　）
A．对　　　　B．错

97．级配良好的砂石，其空隙率较大。（　　）

A．对　　B．错

98．同配合比条件下，卵石混凝土比碎石混凝土的流动性好，且强度高。（　　）

A．对　　B．错

99．同配合比条件下，卵石混凝土比碎石混凝土的流动性好。（　　）

A．对　　B．错

100．在混凝土配合比一定的情况下，卵石混凝土与碎石混凝土相比较，其（　　）较好。

A．流动性　　B．黏聚性　　C．保水性　　D．需水性

101．在混凝土配合比一定的情况下，碎石混凝土与卵石混凝土相比较，其（　　）较好。

A．流动性　　B．黏聚性　　C．保水性　　D．强度

102．在混凝土配合比一定的情况下，卵石混凝土与碎石混凝土相比较，卵石混凝土的（　　）。

A．流动性较好　　B．流动性较差　　C．保水性较好　　D．强度较高

103．在混凝土配合比一定的情况下，卵石混凝土与碎石混凝土相比较，碎石混凝土的（　　）。

A．流动性较好　　B．流动性较差　　C．保水性较好　　D．强度较高

104．在普通混凝土配合比设计过程中，混凝土的耐久性主要通过控制其最大水灰比和最小水泥用量来达到要求。（　　）

A．对　　B．错

105．在普通混凝土配合比设计过程中，混凝土的耐久性主要通过控制其最大水灰比来达到要求。（　　）

A．对　　B．错

106．在普通混凝土配合比设计过程中，混凝土的耐久性主要通过控制其最小水泥用量来达到要求。（　　）

A．对　　B．错

107．C30 表示（　　）。

A．混凝土立方体抗压强度等级　　B．砂浆立方体抗压强度等级

C．砖的抗压强度等级　　D．水泥的强度等级

108．C30 表示（　　）。

A．水泥的强度等级　　B．砂浆立方体抗压强度等级

C．砖的抗压强度等级　　D．混凝土立方体抗压强度等级

109．C30 表示（　　）。

A．砂浆立方体抗压强度等级　　B．混凝土立方体抗压强度等级

C．水泥的强度等级　　D．砖的抗压强度等级

110．下列表示混凝土强度等级的是（　　）。

A．42.5R　　B．C30　　C．MU15　　D．M7.5

111．下列表示混凝土强度等级的是（　　）。

A．42.5R　　B．M7.5　　C．MU15　　D．C30

112．下列表示混凝土强度等级的是（　　）。

A．42.5R　　B．M7.5　　C．C30　　D．MU15

113．某混凝土设计强度等级为C30，则其配制强度为（　　）。

A．36.6MPa　　B．38.0MPa　　C．38.2MPa　　D．42.5MPa

114．某混凝土，其设计强度等级为C30，则其配制强度为（　　）。

A．36.6MPa　　B．38.2MPa　　C．39.0MPa　　D．42.5MPa

115．某混凝土，其设计强度等级为C25，则其配制强度为（　　）。

A．42.5MPa　　B．38.2MPa

C．33.2MPa　　D．30.5MPa

116．某混凝土，其设计强度等级为C25，则其配制强度为（　　）。

A．42.5MPa　　B．38.2MPa

C．36.2MPa　　D．33.2MPa

117．合理砂率是指在用水量和水泥用量一定的情况下，能使混凝土拌和物获得（　　）流动性，同时保护良好黏聚性和保水性的砂率值。

A．最大　　B．最小　　C．一般　　D．不变

118．合理砂率是指在用水量和水泥用量一定的情况下，能使混凝土拌和物获得（　　）流动性，同时保护良好黏聚性和保水性的砂率值。

A．最小　　B．一般　　C．最大　　D．不变

119．合理砂率是指在用水量和水泥用量一定的情况下，能使混凝土拌和物获得（　　）流动性，同时保护良好黏聚性和保水性的砂率值。

A．最小　　B．最大　　C．一般　　D．不变

120．在混凝土配合比一定的情况下，砂率越大，混凝土拌和物的流动性（　　）。

A．越大　　B．越小　　C．不变　　D．不一定

121．在混凝土配合比一定的情况下，砂率越大，混凝土拌和物的流动性（　　）。

A．越大　　B．不变　　C．越小　　D．不一定

122．在混凝土配合比一定的情况下，砂率越大，混凝土拌和物的流动性（　　）。

A．越小　　B．越大　　C．不变　　D．不一定

123．描述混凝土拌和物和易性优良与否的指标坍落度，其单位为mm。（　　）

A．对　　B．错

124．描述混凝土拌和物和易性优良与否的指标坍落度，其单位为 cm。（　　）

A．对　　B．错

125．描述干硬混凝土拌和物和易性优良与否的指标坍落度，其单位为 mm。（　　）

A．对　　B．错

126．描述干硬混凝土拌和物和易性优良与否的指标是维勃稠度，其单位为 s。（　　）

A．对　　B．错

127．描述干硬混凝土拌和物和易性优良与否的指标是维勃稠度，其单位为 mm。（　　）

A．对　　B．错

128．描述混凝土拌和物和易性优良与否的指标是（　　），其单位为 mm。

A．流动性　　B．沉入度　　C．保水性　　D．坍落度

129．描述干硬混凝土拌和物和易性优良与否的指标是（　　），其单位为 s。

A．延度　　B．坍落度　　C．维勃稠度　　D．沉入度

130．描述混凝土拌和物和易性优良与否的指标是（　　），其单位为 mm。

A．沉入度　　B．坍落度　　C．保水性　　D．流动性

131．描述干硬混凝土拌和物和易性优良与否的指标是（　　），其单位为 s。

A．维勃稠度　　B．坍落度　　C．沉入度　　D．延度

132．依据公式 $f_{cu}=\alpha_a f_{ce}(\frac{c}{w}-\alpha_b)$，制作混凝土时，其灰水比越大，硬化混凝土的强度越高。（　　）

A．对　　B．错

133．依据公式 $f_{cu}=\alpha_a f_{ce}(\frac{c}{w}-\alpha_b)$，制作混凝土时，其水灰比越大，硬化混凝土的强度越高。（　　）

A．对　　B．错

134．依据公式 $f_{cu}=\alpha_a f_{ce}(\frac{c}{w}-\alpha_b)$，制作混凝土时，其灰水比越大，硬化混凝土的强度越低。（　　）

A．对　　B．错

135．依据公式 $f_{cu}=\alpha_a f_{ce}(\frac{c}{w}-\alpha_b)$，制作混凝土时，其水灰比越大，硬化混凝土的强度越低。（　　）

A．对　　B．错

136. 依据公式 $f_{cu}=\alpha_a f_{ce}(\frac{c}{w}-\alpha_b)$，制作混凝土时，其灰水比越（　　），硬化混凝土的强度越高。

A. 小　　B. 大　　C. 高　　D. 低

137. 依据公式 $f_{cu}=\alpha_a f_{ce}(\frac{c}{w}-\alpha_b)$，制作混凝土时，其灰水比越（　　），硬化混凝土的强度越低。

A. 小　　B. 大　　C. 高　　D. 低

138. 依据公式 $f_{cu}=\alpha_a f_{ce}(\frac{c}{w}-\alpha_b)$，制作混凝土时，其水灰比越（　　），硬化混凝土的强度越高。

A. 大　　B. 小　　C. 高　　D. 低

139. 依据公式 $f_{cu}=\alpha_a f_{ce}(\frac{c}{w}-\alpha_b)$，制作混凝土时，其灰水比越大，硬化混凝土的强度越（　　）。

A. 高　　B. 低　　C. 大　　D. 小

140. 依据公式 $f_{cu}=\alpha_a f_{ce}(\frac{c}{w}-\alpha_b)$，制作混凝土时，其水灰比越大，硬化混凝土的强度越（　　）。

A. 高　　B. 低　　C. 大　　D. 小

141. 依据公式 $f_{cu}=\alpha_a f_{ce}(\frac{c}{w}-\alpha_b)$，制作混凝土时，其灰水比越小，硬化混凝土的强度越（　　）。

A. 高　　B. 低　　C. 大　　D. 小

142. 某混凝土试配调整后，各材料的用量分别为水 1.8kg，水泥 3.1kg，砂 6.5kg，石子 12.5kg，测得拌和物的表现密度为 2400kg/m^3。试计算 1m^3 混凝土中各种材料的用量。（　　）

A. 水 179.2kg，水泥 311.3kg，砂 652.7kg，石子 1213kg

B. 水 180.8kg，水泥 311.3kg，砂 652.7kg，石子 1255.2kg

C. 水 180.8kg，水泥 332kg，砂 535kg，石子 1255.2kg

143. 混凝土经试配调整后，各材料用量分别为水 2.1kg，水泥 3.8kg，砂 8.5kg，石子 15.6kg，并测得混凝土拌和物的体积密度为 2380kg/m^3。试求 1m^3 混凝土的各材料用量。（　　）

A. 水 167kg，水泥 301kg，砂 674kg，石子 1238kg

B. 水 178kg，水泥 301kg，砂 674kg，石子 1255kg

C. 水 167kg，水泥 312kg，砂 735kg，石子 1238kg

144. 描述混凝土拌和物和易性优良与否的指标维勃稠度，其单位为 mm。（　　）

A．对　　B．错

145．某工程现场搅拌混凝土，每罐需加入干砂 120kg，而现场砂的含水率为 2%，计算每罐应加入湿砂（　　）kg。

A．122.4　　B．124　　C．124.8　　D．120

146．在硬化混凝土中，水泥石起（　　）作用。

A．骨架　　B．填充　　C．润滑　　D．胶结

147．在混凝土拌和物中，水泥浆起（　　）作用。

A．骨架　　B．填充　　C．润滑　　D．胶结

148．为保证混凝土的强度要求，所有骨料必须具有足够的强度，碎石和卵石都采用（　　）指标表示。

A．岩石立方体强度　　B．压碎指标值

C．岩石立方体强度或压碎指标值　　D．棱柱体强度

149．确定混凝土配合比的水灰比，必须从混凝土的（　　）考虑。

A．和易性与强度　　B．强度与耐久性

C．和易性和耐久性　　D．耐久性与经济性

150．确定混凝土配合比的水灰比，必须从混凝土的（　　）考虑。

A．和易性与强度　　B．耐久性与经济性

C．和易性和耐久性　　D．强度与耐久性

151．下列不属于混凝土和易性的是（　　）。

A．流动性　　B．稠度　　C．黏聚性　　D．保水性

152．下列不属于混凝土和易性的是（　　）。

A．稠度　　B．流动性　　C．黏聚性　　D．保水性

153．实验室配合比可以直接使用在工程中。（　　）

A．对　　B．错

154．实验室配合比不可以直接使用在工程中。（　　）

A．对　　B．错

155．某工程现场搅拌混凝土，每搅拌一罐混凝土需加干砂 145kg，现测得现场砂的含水率为 3.5%，请计算每搅拌一罐混凝土需要加现场的湿砂（　　）kg。

A．140　　B．145　　C．150　　D．155

156．某工程现场搅拌混凝土，每搅拌一罐混凝土需加干砂 145kg，现测得现场砂的含水率为 3.5%，请计算每搅拌一罐混凝土需要加现场的湿砂（　　）kg。

A．150　　B．155　　C．160　　D．165

157．工程中每搅拌一罐混凝土需要干砂 500kg。由于下雨，现场砂的含水率很大，为 10%，

请计算用现场的砂搅拌混凝土，每罐需加砂（ ）kg。

A. 500　　B. 550　　C. 600　　D. 650

158. 工程中每搅拌一罐混凝土需要干砂 500kg。由于下雨，现场砂的含水率很大，为 10%，请计算用现场的砂搅拌混凝土，每罐需加砂（ ）kg。

A. 400　　B. 450　　C. 500　　D. 550

159. 某混凝土工程，设计强度等级为 C30。施工中制作一组标准混凝土立方体试件，经标准养护 28 天，上机进行力学性能试验，测得抗压破坏荷载分别为 765kN、770 kN、772 kN，试判断该混凝土是否达到所设计的强度等级要求。（ ）

A. 达到　　B. 未达到

160. 某混凝土工程，设计强度等级为 C30。施工中制作一组标准混凝土立方体试件，经标准养护 28 天，上机进行力学性能试验，测得抗压破坏荷载分别为 765kN、770kN、772kN，则该混凝土立方体抗压强度为（ ）。

A. 30MPa　　B. 34.2MPa　　C. 35MPa　　D. 37.5MPa

161. 某混凝土工程，设计强度等级为 C30。施工中制作一组标准混凝土立方体试件，经标准养护 28 天，上机进行力学性能试验，测得抗压破坏荷载分别为 765kN、770kN、772kN，则该混凝土立方体抗压强度为（ ）。

A. 30MPa　　B. 35MPa　　C. 34.2MPa　　D. 37.5MPa

162. 砂的颗粒级配和粗细程度采用（ ）检测。

A. 坍落度法　　B. 沸煮法　　C. 筛分析法　　D. 维勃稠度法

163. 砂的颗粒级配和粗细程度采用（ ）检测。

A. 坍落度法　　B. 沸煮法　　C. 维勃稠度法　　D. 筛分析法

164. 砂的颗粒级配和粗细程度采用筛分析法检测。（ ）

A. 对　　B. 错

165. 砂的颗粒级配和粗细程度采用坍落度法检测。（ ）

A. 对　　B. 错

166. 砂的颗粒级配和粗细程度采用维勃稠度法检测。（ ）

A. 对　　B. 错

167. 已知混凝土实验室配合比为水泥∶砂∶石子∶水＝1∶2.10∶4.68∶0.55，并测得混凝土拌和物体积密度为 2380kg/m^3，试计算配合 1m^3 混凝土各组成材料的用量。（ ）

A. 水泥 286kg，砂 600kg，石子 1337kg，水 157kg

B. 水泥 280kg，砂 600kg，石子 1320kg，水 157kg

C. 水泥 286kg，砂 650kg，石子 1320kg，水 157kg

D. 水泥 286kg，砂 600kg，石子 1320kg，水 150kg

168．已知混凝土实验室配合比为水泥：砂：石子：水＝1：2.10：4.68：0.55，并测得混凝土拌和物体积密度为2380kg/m^3，试计算配合1m^{3}混凝土各组成材料的用量。（　　）

A．水泥286kg，砂600kg，石子1320kg，水150kg

B．水泥280kg，砂600kg，石子1320kg，水157kg

C．水泥286kg，砂650kg，石子1320kg，水157kg

D．水泥286kg，砂600kg，石子1337kg，水157kg

169．已知混凝土实验室配合比为水泥：砂：石子：水＝1：2.10：4.68：0.55，并测得混凝土拌和物体积密度为2380kg/m^3，则配合1m^{3}混凝土各组成材料的用量：水泥286kg，砂600kg，石子1337kg，水157kg。（　　）

A．对　　B．错

170．混凝土属于脆性材料，和玻璃、钢材一样。（　　）

A．对　　B．错

171．混凝土属于脆性材料，和玻璃、塑料一样。（　　）

A．对　　B．错

第五章 建 筑 砂 浆

1．砌筑砂浆流动性的指标用（　　）表示。
A．坍落度　B．维勃稠度　C．沉入度　D．分层度

2．砌筑砂浆流动性的指标用（　　）表示。
A．沉入度　B．维勃稠度　C．坍落度　D．分层度

3．砌筑砂浆流动性的指标用（　　）表示。
A．坍落度　B．维勃稠度　C．分层度　D．稠度

4．砌筑砂浆流动性的指标用（　　）表示。
A．坍落度　B．稠度　C．分层度　D．维勃稠度

5．砌筑砂浆稠度的指标用（　　）表示。
A．坍落度　B．维勃稠度　C．沉入度　D．分层度

6．砌筑砂浆稠度的指标用（　　）表示。
A．坍落度　B．维勃稠度　C．分层度　D．沉入度

7．砌筑砂浆稠度的指标用（　　）表示。
A．坍落度　B．沉入度　C．分层度　D．维勃稠度

8．砌筑砂浆稠度的指标用（　　）表示。
A．沉入度　B．坍落度　C．维勃稠度　D．分层度

9．砌筑砂浆流动性的指标用（　　）表示。
A．坍落度　B．沉入度　C．维勃稠度　D．分层度

10．砌筑砂浆流动性的指标用（　　）表示。
A．坍落度　B．维勃稠度　C．分层度　D．沉入度

11．砌筑砂浆流动性的指标用（　　）表示。
A．坍落度　B．维勃稠度　C．稠度　D．分层度

12．砌筑砂浆流动性的指标用（　　）表示。
A．稠度　B．坍落度　C．分层度　D．维勃稠度

13．砌筑砂浆稠度的指标用（　　）表示。
A．坍落度　B．维勃稠度　C．稠度　D．分层度

14．砌筑砂浆稠度的指标用（　　）表示。
A．坍落度　B．维勃稠度　C．分层度　D．稠度

15．砌筑砂浆稠度的指标用（　　）表示。

A．坍落度　　B．稠度　　C．分层度　　D．维勃稠度

16．砌筑砂浆稠度的指标用（　　）表示。

A．稠度　　B．坍落度　　C．维勃稠度　　D．分层度

17．砌筑砂浆流动性的指标用坍落度表示。（　　）

A．对　　B．错

18．砌筑砂浆流动性的指标用沉入度表示。（　　）

A．对　　B．错

19．砌筑砂浆流动性的指标用稠度表示。（　　）

A．对　　B．错

20．砌筑砂浆流动性的指标用维勃稠度表示。（　　）

A．对　　B．错

21．砌筑砂浆流动性的指标用分层度表示。（　　）

A．对　　B．错

22．砂浆稠度的指标用（　　）表示。

A．坍落度　　B．维勃稠度　　C．沉入度　　D．分层度

23．砌筑砂浆保水性的指标用（　　）表示。

A．分层度　　B．沉入度　　C．维勃稠度　　D．坍落度

24．砌筑砂浆保水性的指标用（　　）表示。

A．坍落度　　B．沉入度　　C．分层度　　D．维勃稠度

25．砌筑砂浆保水性的指标用（　　）表示。

A．坍落度　　B．沉入度　　C．维勃稠度　　D．分层度

26．砌筑砂浆保水性的指标用（　　）表示。

A．坍落度　　B．分层度　　C．沉入度　　D．维勃稠度

27．砌筑砂浆保水性的指标用沉入度表示。（　　）

A．对　　B．错

28．砌筑砂浆保水性的指标用分层度表示。（　　）

A．对　　B．错

29．砌筑砂浆保水性的指标用坍落度表示。（　　）

A．对　　B．错

30．砌筑砂浆保水性的指标用维勃稠度表示。（　　）

A．对　　B．错

31．对于吸水基层，砌筑砂浆的强度主要取决于（　　）。

A．水灰比　　B．水泥用量

C．单位用水量　　D．水泥强度等级和用量

32．对于吸水基层，砌筑砂浆的强度主要取决于水泥强度等级和用量。（　　）

A．对　　B．错

33．对于吸水基层，砌筑砂浆的强度主要取决于水泥强度等级和水灰比大小。（　　）

A．对　　B．错

34．对于吸水基层，砌筑砂浆的强度主要取决于水泥强度等级和单位用水量。（　　）

A．对　　B．错

35．对于不吸水基层，砌筑砂浆的强度主要取决于（　　）。

A．水灰比　　B．水泥用量

C．水泥强度　　D．水泥强度等级和水灰比

36．对于不吸水基层，砌筑砂浆的强度主要取决于水泥强度等级和水灰比。（　　）

A．对　　B．错

37．对于不吸水基层，砌筑砂浆的强度主要取决于单位用水量。（　　）

A．对　　B．错

38．对于不吸水基层，砌筑砂浆的强度主要取决于水泥的强度。（　　）

A．对　　B．错

39．对于不吸水基层，砌筑砂浆的强度主要取决于水泥的用量。（　　）

A．对　　B．错

40．砌石砂浆的强度主要取决于（　　）。

A．坍落度　　B．水泥的强度　　C．水泥的用量　　D．水灰比

41．M7.5 表示（　　）。

A．混凝土立方体抗压强度等级　　B．砂浆立方体抗压强度等级

C．砖的抗压强度等级　　D．水泥的强度等级

42．M7.5 表示（　　）。

A．水泥的强度等级　　B．砖的抗压强度等级

C．砂浆立方体抗压强度等级　　D．混凝土立方体抗压强度等级

43．M15 表示（　　）。

A．混凝土立方体抗压强度等级 15MPa　　B．砂浆立方体抗压强度等级 15MPa

C．砖的抗压强度等级 15MPa　　D．水泥的强度等级 15MPa

44．M15 表示（　　）。

A．水泥的强度等级 15MPa　　B．砖的抗压强度等级 15MPa

C．砂浆立方体抗压强度等级 15MPa　　D．混凝土立方体抗压强度等级 15MPa

45．M15 表示砂浆立方体抗压强度等级 15MPa。（　　）

A．对　　B．错

46．M15 表示砖立方体抗压强度等级 15MPa。（　　）

A．对　　B．错

47．M15 表示水泥立方体抗压强度等级 15MPa。（　　）

A．对　　B．错

48．M15 表示混凝土立方体抗压强度等级 15MPa。（　　）

A．对　　B．错

49．下列表示砂浆强度等级的是（　　）。

A．42.5R　　B．C30　　C．MU15　　D．M7.5

50．下列表示砂浆强度等级的是（　　）。

A．42.5R　　B．C30　　C．M7.5　　D．MU15

51．下列表示砂浆强度等级的是（　　）。

A．M7.5　　B．C30　　C．MU15　　D．42.5R

52．建筑砂浆是由胶凝材料、水、（　　）和掺合料按适当的比例配制而成的。

A．细集料　　B．粗集料　　C．混合料　　D．外加剂

53．建筑砂浆是由胶凝材料、水、（　　）和掺合料按适当的比例配制而成的。

A．外加剂　　B．混合料　　C．细集料　　D．粗集料

54．建筑砂浆是由胶凝材料、水、细集料和掺合料按适当的比例配制而成的。（　　）

A．对　　B．错

55．建筑砂浆是由胶凝材料、水、外加剂和掺合料按适当的比例配制而成的。（　　）

A．对　　B．错

56．建筑砂浆的组成材料主要有（　　）种。

A．0　　B．1　　C．2　　D．3

57．建筑砂浆的组成材料主要有（　　）种。

A．2　　B．3　　C．4　　D．不确定

58．建筑砂浆的组成材料主要有（　　）种。

A．1　　B．2　　C．3　　D．4

59．砌筑砂浆应满足的基本性质有（　　）。

A．满足和易性要求　　B．满足设计种类和强度等级要求

C．具有足够的黏结强度　　D．以上均是

60．新拌砂浆的和易性包括流动性和（　　）。

A．黏聚性　　B．保水性　　C．沉入度　　D．分层度

61．新拌砂浆的和易性包括流动性和（　　）。

A．沉入度　　B．分层度　　C．黏聚性　　D．保水性

62．新拌砂浆的和易性包括流动性和（　　）。

A．保水性　　B．分层度　　C．黏聚性　　D．沉入度

63．新拌砂浆的和易性包括流动性和（　　）。

A．沉入度　　B．分层度　　C．保水性　　D．黏聚性

64．新拌砂浆的和易性包括流动性和保水性。（　　）

A．对　　B．错

65．新拌砂浆的和易性包括流动性、黏聚性和保水性。（　　）

A．对　　B．错

66．新拌砂浆的和易性包括流动性、黏聚性。（　　）

A．对　　B．错

67．新拌砂浆的和易性包括沉入度和分层度。（　　）

A．对　　B．错

68．新拌砂浆的和易性包括（　　）和保水性。

A．沉入度　　B．分层度　　C．流动性　　D．黏聚性

69．新拌砂浆的和易性包括（　　）和保水性。

A．流动性　　B．黏聚性　　C．沉入度　　D．分层度

70．新拌砂浆的和易性包括（　　）和保水性。

A．分层度　　B．黏聚性　　C．沉入度　　D．流动性

71．新拌砂浆的和易性包括（　　）和保水性。

A．黏聚性　　B．流动性　　C．沉入度　　D．分层度

72．新拌砂浆的和易性包括流动性和保水性。（　　）

A．对　　B．错

73．砂浆流动性的大小可通过砂浆稠度仪试验测定。（　　）

A．对　　B．错

74．砂浆流动性的大小可通过坍落度试验测定。（　　）

A．对　　B．错

75．砂浆流动性的大小可通过砂浆（　　）试验测定。

A．分层度测定仪　　B．稠度仪　　C．坍落度　　D．维勃稠度

76．砂浆流动性的大小可通过砂浆（　　）试验测定。

A．稠度仪　　B．坍落度　　C．维勃稠度　　D．分层度测定仪

77．砂浆流动性的大小可通过砂浆（　　）试验测定。

A．维勃稠度　　B．坍落度　　C．分层度测定仪　　D．稠度仪

78．砂浆保水性可通过砂浆稠度仪试验测定。（　　）

A．对　　B．错

79．砂浆保水性可通过砂浆分层度测定仪试验测定。（　　）

A．对　　B．错

80．砂浆保水性可通过砂浆坍落度试验测定。（　　）

A．对　　B．错

81．砂浆保水性可通过（　　）测定。

A．分层度测定仪　　B．稠度仪　　C．坍落度　　D．维勃稠度

82．砂浆保水性可通过（　　）测定。

A．稠度仪　　B．坍落度　　C．维勃稠度　　D．分层度测定仪

83．砂浆保水性可通过（　　）测定。

A．稠度仪　　B．坍落度　　C．分层度测定仪　　D．维勃稠度

84．砂浆保水性可通过（　　）测定。

A．稠度仪　　B．分层度测定仪　　C．维勃稠度　　D．坍落度

85．砌筑砂浆的强度等级共分为（　　）个等级。

A．3　　B．4　　C．5　　D．6

86．砌筑砂浆的强度等级共分为（　　）个等级。

A．5　　B．6　　C．7　　D．8

87．砌筑砂浆的强度等级共分为M2.5、M5、M7.5、（　　）六个等级。

A．M10、M15、M20　　B．M10、M12、M15

C．M9、M12、M16　　D．M9、M15、M21

88．砌筑砂浆的强度等级共分为M2.5、M5、M7.5、（　　）六个等级。

A．M9、M12、M16　　B．M9、M15、M21

C．M10、M15、M20　　D．M10、M12、M15

89．砌筑砂浆的强度等级共分为M2.5、M5、M7.5、（　　）六个等级。

A．M9、M12、M16　　B．M10、M12、M15

C．M10、M15、M20　　D．M9、M15、M21

90．砌筑砂浆的强度等级共分为六个等级。（　　）

A．对　　B．错

91．砌筑砂浆的强度等级共分为五个等级。（ ）

A．对 B．错

92．砌筑砂浆的强度等级共分为 M2.5、M5、M7.5、M10、M15、M20 六个等级。（ ）

A．对 B．错

93．砌筑砂浆的强度等级共分为 M2.5、M5、M10、M15、M20 五个等级。（ ）

A．对 B．错

94．砌筑砂浆的强度等级共分为 M2.5、M5、M7.5、M10、M15 五个等级。（ ）

A．对 B．错

95．砂浆与所砌筑材料的黏结强度称为（ ）。

A．强度 B．硬度 C．牢固力 D．黏结力

96．砂浆与所砌筑材料的黏结强度称为（ ）。

A．黏结力 B．牢固力 C．硬度 D．强度

97．砂浆与所砌筑材料的黏结强度称为黏结力。（ ）

A．对 B．错

98．抹面砂浆有保护内部材料并起到美化建筑物的作用。（ ）

A．对 B．错

99．抹面砂浆只起到保护内部材料的作用。（ ）

A．对 B．错

100．抹面砂浆只起到美化建筑物的作用。（ ）

A．对 B．错

101．抹面砂浆对建筑物起到（ ）的作用。

A．保护内部材料 B．美化建筑物 C．既保护又美化 D．不确定

102．砌筑砂浆标准试件的尺寸是（ ）。

A．70.7mm×70.7mm×70.7mm B．100mm×100mm×100mm

C．150mm×150mm×150mm D．200mm×200mm×200mm

103．砌筑砂浆标准试件的尺寸是（ ）。

A．40mm×40mm×160mm B．70.7mm×70.7mm×70.7mm

C．150mm×150mm×150mm D．200mm×200mm×200mm

104．砌筑砂浆标准试件的尺寸是（ ）。

A．150mm×150mm×150mm B．40mm×40mm×160mm

C．70.7mm×70.7mm×70.7mm D．200mm×200mm×200mm

105．砌筑砂浆标准试件的尺寸是 70.7mm×70.7mm×70.7mm。（ ）

A．对　　　　　　　　　　　　　　　B．错

106．砌筑砂浆标准试件的尺寸是 150mm×150mm×150mm。（　　）

A．对　　　　　　　　　　　　　　　B．错

107．砌筑砂浆标准试件的尺寸是 40mm×40mm×160mm。（　　）

A．对　　　　　　　　　　　　　　　B．错

108．建筑砂浆属于脆性材料，和玻璃、钢材一样。（　　）

A．对　　　　　　　　　　　　　　　B．错

109．建筑砂浆属于脆性材料，和混凝土、玻璃一样。（　　）

A．对　　　　　　　　　　　　　　　B．错

第六章　墙　体　材　料

1．砖在砌筑之前必须浇水润湿的目的是（　　）。

A．提高砖的质量　　B．提高砂浆强度

C．提高砂浆的黏结力　　D．便于施工

2．砖在砌筑之前必须浇水润湿的目的是（　　）。

A．便于施工　　B．提高砂浆强度

C．提高砖的质量　　D．提高砂浆的黏结力

3．砖在砌筑之前必须（　　），以此避免吸收砂浆中的水。

A．浇水润湿　　B．干燥　　C．泡水　　D．不确定

4．砖在砌筑之前必须（　　），以此避免吸收砂浆中的水。

A．泡水　　B．晒干　　C．浇水润湿　　D．不确定

5．按标准规定，烧结普通砖的尺寸规格是（　　）。

A．240mm×120mm×53mm　　B．240mm×115mm×55mm

C．240mm×115mm×50mm　　D．240mm×115mm×53mm

6．按标准规定，烧结普通砖的尺寸规格是（　　）。

A．240mm×120mm×53mm　　B．240mm×115mm×53mm

C．240mm×115mm×50mm　　D．40mm×40mm×160mm

7．按标准规定，烧结普通砖的尺寸规格是240mm×115mm×53mm。（　　）

A．对　　B．错

8．按标准规定，烧结普通砖的尺寸规格是240mm×115mm×50mm。（　　）

A．对　　B．错

9．国家对烧结黏土砖的使用范围从2000年开始将采取限制措施。（　　）

A．对　　B．错

10．墙体材料按产品形式分为（　　）。

A．烧结砖与非烧结砖　　B．实心砖与空心砖

C．砌墙砖、砌块与板材　　D．承重砌块与非承重砌块

11．墙体材料按产品形式分为砌墙砖、砌块与板材。（　　）

A．对　　B．错

12．只有砌墙砖属于墙体材料。（　　）

A．对　　B．错

13. 1m^3砖墙的大约用砖量为（　　）块。

A. 512　　B. 600　　C. 800　　D. 1000

14. 1m^3砖墙的大约用砖量为（　　）块。

A. 300　　B. 350　　C. 450　　D. 512

15. 1m^3砖墙的大约用砖量为512块。（　　）

A. 对　　B. 错

16. 1m^3砖墙的大约用砖量为520块。（　　）

A. 对　　B. 错

17. （　　）是性能非常优异的既古老而又现代的墙体材料。

A. 混凝土　　B. 砂浆　　C. 烧结砖　　D. 钢材

18. （　　）是性能非常优异的既古老而又现代的墙体材料。

A. 钢材　　B. 砂浆　　C. 混凝土　　D. 烧结砖

19. 烧结砖是性能非常优异的既古老而又现代的墙体材料。（　　）

A. 对　　B. 错

20. 烧结普通砖的抗压强度分为（　　）个强度等级。

A. 1　　B. 3　　C. 5　　D. 7

21. 烧结普通砖的抗压强度分为（　　）个强度等级。

A. 5　　B. 6　　C. 7　　D. 9

22. 烧结普通砖的抗压强度分为（　　）5个强度等级。

A. MU30、MU20、MU15、MU10、MU5

B. MU25、MU20、MU15、MU10、MU5

C. MU25、MU15、MU10、MU7.5、MU5

D. MU30、MU25、MU20、MU15、MU10

23. 烧结普通砖的抗压强度分为MU30、MU25、（　　）5个强度等级。

A. MU15、MU10、MU5　　B. MU15、MU10、MU5

C. MU10、MU7.5、MU5　　D. MU20、MU15、MU10

24. 评定烧结砖耐久性的指标主要有（　　）。

A. 抗风化性能　　B. 泛霜　　C. 石灰爆裂　　D. 以上均是

25. 烧结普通砖泛霜是由于（　　）。

A. 可溶性碳酸盐　　B. 可溶性硫酸盐　　C. $MgSO_4$　　D. $CaSO_4$

26. 烧结普通砖泛霜是由于其内部可溶性硫酸盐。（　　）

A. 对　　B. 错

27．使烧结普通砖出现爆裂的现象是由于（　　）。

A．MgO　　B．CO_2　　C．$MgSO_4$　　D．CaO

28．我国于（　　）年开始禁止生产、经营、使用黏土砖。

A．2003　　B．2004　　C．2005　　D．2006

29．我国于（　　）年全面禁止生产、经营、使用黏土砖。

A．2003　　B．2004　　C．2005　　D．2006

30．我国于（　　）年全面禁止生产、经营、使用黏土砖。

A．2005　　B．2006　　C．2007　　D．2008

31．烧结多孔砖的抗压强度分为（　　）个强度等级。

A．1　　B．3　　C．5　　D．7

32．烧结多孔砖的抗压强度分为（　　）个强度等级。

A．5　　B．6　　C．7　　D．9

33．烧结多孔砖的抗压强度分为（　　）5 个强度等级。

A．MU30、MU20、MU15、MU10、MU5

B．MU25、MU20、MU15、MU10、MU5

C．MU25、MU15、MU10、MU7.5、MU5

D．MU30、MU25、MU20、MU15、MU10

34．烧结多孔砖的抗压强度分为 MU30、MU25、（　　）5 个强度等级。

A．MU15、MU10、MU5　　B．MU15、MU10、MU5

C．MU10、MU7.5、MU5　　D．MU20、MU15、MU10

35．评定烧结砖耐久性的指标主要有（　　）。

A．抗风化性能　　B．泛霜　　C．石灰爆裂　　D．以上均是

36．烧结多孔砖泛霜是由于（　　）。

A．可溶性碳酸盐　　B．可溶性硫酸盐

C．$MgSO_4$　　D．$CaSO_4$

37．烧结多孔砖泛霜是由于其内部可溶性硫酸盐。（　　）

A．对　　B．错

38．使烧结多孔砖出现爆裂的现象是由于（　　）。

A．MgO　　B．CO_2　　C．$MgSO_4$　　D．CaO

39．烧结多孔砖孔洞率应不小于（　　）。

A．25%　　B．30%　　C．35%　　D．20%

40．烧结多孔砖孔洞率应不小于（　　）。

A．15%　　B．20%　　C．25%　　D．30%

41. 烧结多孔砖要求孔的尺寸小而数量多。（　　）

A. 对　　B. 错

42. 烧结多孔砖要求孔的尺寸小而数量少。（　　）

A. 对　　B. 错

43. 烧结多孔砖要求孔的尺寸要大而数量多。（　　）

A. 对　　B. 错

44. 烧结多孔砖要求孔的尺寸小而数量（　　）。

A. 少　　B. 多　　C. 高　　D. 低

45. 烧结多孔砖要求孔的尺寸（　　）而数量多。

A. 少　　B. 多　　C. 高　　D. 小

46. 烧结多孔砖外形为（　　）。

A. 圆锥体　　B. 正方体　　C. 长方体　　D. 直角六面体

47. 烧结多孔砖外形为（　　）。

A. 直角六面体　　B. 正方体　　C. 长方体　　D. 圆锥体

48. 烧结普通砖外形为（　　）。

A. 圆锥体　　B. 正方体　　C. 长方体　　D. 直角六面体

49. 目前烧结多孔砖分为P型砖和（　　）型砖。

A. W　　B. M　　C. S　　D. U

50. 目前烧结多孔砖分为P型砖和（　　）型砖。

A. W　　B. O　　C. U　　D. M

51. 目前烧结多孔砖分为（　　）型砖和M型砖。

A. P　　B. W　　C. S　　D. U

52. 目前烧结多孔砖分为（　　）型砖和M型砖。

A. W　　B. O　　C. P　　D. U

53. 烧结多孔砖的产品质量等级分为（　　）。

A. A　　B. B　　C. C　　D. 以上均是

54. 烧结多孔砖的产品质量等级分为（　　）。

A. A、B、C　　B. B、C、D　　C. A、C、D　　D. 不确定

55. 烧结多孔砖的产品质量等级分为（　　）。

A. 优等品　　B. 一等品　　C. 合格品　　D. 以上均是

56. 烧结多孔砖的产品质量等级分为（　　）。

A. 优等品、合格品、不合格品　　B. 优等品、一等品、合格品

C．优等品、合格品、废品　　　　　　D．一等品、合格品、不合格品

57．烧结普通砖的产品质量等级分为（　　）。

A．优等品、合格品、不合格品　　　　B．优等品、一等品、合格品

C．优等品、合格品、废品　　　　　　D．一等品、合格品、不合格品

58．烧结普通砖的产品质量等级分为（　　）。

A．A　　B．B　　C．C　　D．以上均是

59．烧结普通砖的产品质量等级分为（　　）。

A．A、B、C　　B．B、C、D　　C．A、C、D　　D．不确定

60．烧结普通砖的产品质量等级分为（　　）。

A．优等品　　B．一等品　　C．合格品　　D．以上均是

61．烧结多孔砖的产品质量等级分为（　　）。

A．优等品、合格品、不合格品　　　　B．一等品、合格品、不合格品

C．优等品、合格品、废品　　　　　　D．优等品、一等品、合格品

62．烧结空心砖的抗压强度分为（　　）个强度等级。

A．1　　B．3　　C．5　　D．7

63．烧结空心砖的抗压强度分为（　　）个强度等级。

A．5　　B．6　　C．7　　D．9

64．烧结空心砖的抗压强度分为（　　）5 个强度等级。

A．MU20、MU15、MU10、MU7.5、MU5

B．MU15、MU10、MU7.5、MU5、MU3.5

C．MU15、MU10、MU7.5、MU5、MU2.5

D．MU10、MU7.5、MU5、MU3.5、MU2.5

65．烧结空心砖的抗压强度分为 MU10、MU7.5、（　　）5 个强度等级。

A．MU5、MU3.5、MU2.5　　　　B．MU5.5、MU3.5、MU2.5

C．MU10、MU7.5、MU5　　　　D．MU20、MU15、MU10

66．烧结空心砖孔洞率应不小于（　　）。

A．25%　　B．30%　　C．35%　　D．40%

67．烧结空心砖孔洞率应不小于（　　）。

A．30%　　B．40%　　C．45%　　D．50%

68．烧结空心砖要求孔的尺寸大而数量少。（　　）

A．对　　　　B．错

69．烧结空心砖要求孔的尺寸小而数量少。（　　）

A．对　　　　B．错

70．烧结空心砖要求孔的尺寸要大而数量多。（　　）

A．对　　B．错

71．烧结空心砖要求孔的尺寸大而数量（　　）。

A．少　　B．多　　C．高　　D．低

72．烧结空心砖要求孔的尺寸（　　）而数量少。

A．大　　B．多　　C．高　　D．小

73．烧结空心砖外形为（　　）。

A．圆锥体　　B．正方体　　C．长方体　　D．直角六面体

74．烧结空心砖外形为（　　）。

A．直角六面体　　B．正方体　　C．长方体　　D．圆锥体

75．烧结空心砖的产品质量等级分为（　　）。

A．优等品、合格品、不合格品　　B．优等品、一等品、合格品

C．优等品、合格品、废品　　D．一等品、合格品、不合格品

76．烧结空心砖的产品质量等级分为（　　）。

A．A　　B．B　　C．C　　D．以上均是

77．烧结空心砖的产品质量等级分为（　　）。

A．A、C、D　　B．B、C　　C．A、B、C　　D．A、B

第七章　防　水　材　料

1．建筑物或构筑物采用防水材料的主要作用是（　　）。
A．防潮　　B．防渗　　C．防漏　　D．以上均是

2．建筑物或构筑物采用防水材料的最突出作用是（　　）。
A．防潮　　B．防渗　　C．防漏　　D．防水

3．沥青材料是一种（　　）。
A．无机胶凝材料　　B．有机胶凝材料
C．水硬性胶凝材料　　D．气硬性胶凝材料

4．沥青材料是一种（　　）。
A．气硬性胶凝材料　　B．水硬性胶凝材料
C．无机胶凝材料　　D．有机胶凝材料

5．石油沥青的组分分析可采用（　　）。
A．三组分分析法　　B．四组分分析法
C．三组分分析法和四组分分析法　　D．都不是

6．石油沥青的组成结构有（　　）种胶体状态。
A．1　　B．2　　C．3　　D．4

7．石油沥青的组成结构有（　　）种胶体状态。
A．3　　B．4　　C．5　　D．6

8．石油沥青按三组分分析法分为（　　）。
A．油分、树脂、游离碳　　B．油分、脂胶、沥青质
C．油分、树脂、沥青质　　D．油分、脂胶、游离碳

9．石油沥青按三组分分析法分为（　　）。
A．油分、树脂、沥青质　　B．油分、脂胶、沥青质
C．油分、树脂、游离碳　　D．油分、脂胶、游离碳

10．石油沥青的软化点是（　　）技术性质的指标。
A．黏滞性　　B．塑性　　C．温度敏感性　　D．大气稳定性

11．评定石油沥青温度敏感性的技术指标是（　　）。
A．针入度　　B．延度　　C．黏度　　D．软化点

12．评定石油沥青温度敏感性的技术指标是（　　）。
A．针入度　　B．分层度　　C．软化点　　D．延度

13．评定石油沥青温度敏感性的技术指标是针入度。（　　）

A．对　　B．错

14．石油沥青的针入度是（　　）技术性质的指标。

A．黏滞性　　B．塑性　　C．温度敏感性　　D．大气稳定性

15．评定石油沥青黏滞性的技术指标是（　　）。

A．针入度　　B．延度　　C．软化点　　D．沉入度

16．评定石油沥青黏滞性的技术指标是（　　）。

A．沉入度　　B．分层度　　C．软化点　　D．针入度

17．评定石油沥青黏滞性的技术指标是软化点。（　　）

A．对　　B．错

18．评定石油沥青黏滞性的技术指标是针入度。（　　）

A．对　　B．错

19．石油沥青的延度是（　　）技术性质的指标。

A．黏滞性　　B．塑性　　C．温度敏感性　　D．大气稳定性

20．评定石油沥青塑性的技术指标是（　　）。

A．针入度　　B．软化点　　C．沉入度　　D．延度

21．评定石油沥青塑性的技术指标是（　　）。

A．延度　　B．软化点　　C．沉入度　　D．针入度

22．评定石油沥青塑性的技术指标是延度。（　　）

A．对　　B．错

23．评定石油沥青塑性的技术指标是针入度。（　　）

A．对　　B．错

24．赋予石油沥青流动性的组分是（　　）。

A．油分　　B．树脂　　C．沥青脂胶　　D．地沥青质

25．赋予石油沥青流动性的组分是（　　）。

A．沥青脂胶　　B．地沥青质　　C．油分　　D．树脂

26．赋予石油沥青流动性的组分是油分。（　　）

A．对　　B．错

27．赋予石油沥青流动性的组分是脂胶。（　　）

A．对　　B．错

28．赋予石油沥青塑性的组分是（　　）。

A．油分　　B．树脂　　C．沥青脂胶　　D．地沥青质

29．赋予石油沥青塑性的组分是（　　）。

A．地沥青质　　B．沥青脂胶　　C．油分　　D．树脂

30．赋予石油沥青塑性的组分是树脂。（　　）

A．对　　B．错

31．赋予石油沥青塑性的组分是沥青质。（　　）

A．对　　B．错

32．赋予石油沥青塑性的组分是油分。（　　）

A．对　　B．错

33．石油沥青可分为哪几类？下列不属于的是（　　）。

A．道路石油沥青　　B．建筑石油沥青

C．特性石油沥青　　D．普通石油沥青

34．石油沥青可分为哪几类？下列不属于的是（　　）。

A．普通石油沥青　　B．建筑石油沥青

C．道路石油沥青　　D．特性石油沥青

35．石油沥青可分为普通石油沥青、建筑石油沥青、道路石油沥青。（　　）

A．对　　B．错

36．石油沥青的针入度越大，则其黏滞性（　　）。

A．越大　　B．越小　　C．不变　　D．不一定

37．石油沥青的针入度越小，则其黏滞性（　　）。

A．越大　　B．越小　　C．不变　　D．不一定

38．石油沥青的针入度越大，则其黏滞性（　　）。

A．越小　　B．越大　　C．不变　　D．不一定

39．三毡四油防水层中的“油”是指（　　）。

A．沥青胶　　B．冷底子油　　C．玛琋脂　　D．乳化沥青

40．三毡四油防水层中的“油”是指（　　）。

A．玛琋脂　　B．沥青胶　　C．冷底子油　　D．乳化沥青

41．为避免夏季流淌，一般屋面用沥青材料的软化点应比本地区屋面最高温度高（　　）。

A．10℃　　B．15℃　　C．20℃以上　　D．25℃以上

42．为避免夏季流淌，一般屋面用沥青材料的软化点应比本地区屋面最高温度高（　　）。

A．15℃以上　　B．25℃以上　　C．35℃以上　　D．45℃以上

43．为避免夏季流淌，一般屋面用沥青材料的软化点应比本地区屋面最高温度高25℃以上。（　　）

A．对　　　　B．错

44．为避免夏季流淌，一般屋面用沥青材料的软化点应比本地区屋面最高温度高 15℃以上。（　　）

A．对　　　　B．错

45．石油沥青的牌号由低到高，则沥青的（　　）由小到大。

A．黏性　　B．塑性　　C．温度稳定性　　D．A＋B

46．不宜作为防水材料的沥青是（　　）。

A．建筑石油沥青　　B．煤沥青

C．橡胶改性沥青　　D．合成树脂改性沥青

47．不宜作为防水材料的沥青是（　　）。

A．煤沥青　　B．建筑石油沥青

C．橡胶改性沥青　　D．合成树脂改性沥青

48．（　　）具有高弹性、拉伸强度高、延伸率大、耐热性的低温柔性好、单层防水和使用寿命长等优点。

A．石油沥青防水卷材　　B．高聚物改性沥青防水卷材

C．合成高分子防水卷材　　D．防水油膏

49．（　　）具有高弹性、拉伸强度高、延伸率大、耐热性的低温柔性好、单层防水和使用寿命长等优点。

A．防水油膏　　B．合成高分子防水卷材

C．石油沥青防水卷材　　D．高聚物改性沥青防水卷材

50．炎热地区的屋面防水材料，一般选择（　　）。

A．纸胎沥青油毡　　B．SBS 改性沥青防水卷材

C．APP 改性沥青防水卷材　　D．聚乙烯防水卷材

51．炎热地区的屋面防水材料，一般选择（　　）。

A．纸胎沥青油毡　　B．聚乙烯防水卷材

C．SBS 改性沥青防水卷材　　D．APP 改性沥青防水卷材

52．炎热地区的屋面防水材料，一般选择 APP 改性沥青防水卷材。（　　）

A．对　　　　B．错

53．塑性体 APP 改性防水卷材非常适用于高温或有强烈太阳辐照的地区。（　　）

A．对　　　　B．错

54．炎热地区的屋面防水材料，一般选择 SBS 改性沥青防水卷材。（　　）

A．对　　　　B．错

55．寒冷地区的屋面防水材料，一般选择（　　）。

A．纸胎沥青油毡　　B．SBS 改性沥青防水卷材
C．APP 改性沥青防水卷材　　D．聚乙烯防水卷材

56．寒冷地区的屋面防水材料，一般选择（　　）。
A．纸胎沥青油毡　　B．聚乙烯防水卷材
C．APP 改性沥青防水卷材　　D．SBS 改性沥青防水卷材

57．寒冷地区的屋面防水材料，一般选择 SBS 改性沥青防水卷材。（　　）
A．对　　B．错

58．寒冷地区的屋面防水材料，一般选择 APP 改性沥青防水卷材。（　　）
A．对　　B．错

59．沥青中油分含量越小，其延度越小，针入度越大，适合于用作冷底子油的原材料，使用在建筑防水中。（　　）
A．对　　B．错

60．高聚物改性沥青防水卷材克服了传统沥青防水卷材（　　）的不足。
A．成本高　　B．温度稳定性差
C．延伸率小　　D．温度稳定性差及延伸率小

61．高聚物改性沥青防水卷材克服了传统沥青防水卷材温度稳定性差及延伸率小的不足。（　　）
A．对　　B．错

62．煤沥青按三组分分析法分为（　　）。
A．油分、树脂、游离碳　　B．油分、脂胶、游离碳
C．油分、树脂、沥青质　　D．油分、脂胶、沥青质

63．煤沥青按三组分分析法分为（　　）。
A．油分、脂胶、沥青质　　B．油分、树脂、沥青质
C．油分、树脂、游离碳　　D．油分、脂胶、游离碳

64．煤沥青易老化，故大气稳定性差，易开裂与矿物表面黏结性差。（　　）
A．对　　B．错

65．煤沥青易老化，故大气稳定性差，易开裂但与矿物表面黏结性很好。（　　）
A．对　　B．错

66．煤沥青易老化，故大气稳定性差，易开裂但与矿物表面黏结性（　　）。
A．好　　B．差　　C．很好　　D．很差

67．煤沥青易老化，故大气稳定性（　　），易开裂但与矿物表面黏结性很好。
A．好　　B．差　　C．很好　　D．很差

第八章　建　筑　钢　材

1．低碳钢拉伸过程经历了弹性阶段、屈服阶段、（　　）和颈缩阶段。
A．加强阶段　　B．强化阶段　　C．持续阶段　　D．变形阶段

2．低碳钢拉伸过程经历了弹性阶段、屈服阶段、（　　）和颈缩阶段。
A．持续阶段　　B．变形阶段　　C．加强阶段　　D．强化阶段

3．低碳钢拉伸过程经历了弹性阶段、屈服阶段、强化阶段和颈缩阶段。（　　）
A．对　　B．错

4．低碳钢拉伸过程经历了弹性阶段、屈服阶段、强化阶段。（　　）
A．对　　B．错

5．低碳钢拉伸过程经历了弹性阶段、屈服阶段、颈缩阶段。（　　）
A．对　　B．错

6．Q235—A·F 表示（　　）。
A．抗拉强度为 235MPa 的 A 级镇静钢　　B．屈服点为 235MPa 的 B 级镇静钢
C．抗拉强度为 235MPa 的 A 级沸腾钢　　D．屈服点为 235MPa 的 A 级沸腾钢

7．Q235—A·F 表示（　　）。
A．抗拉强度为 235MPa 的 A 级镇静钢　　B．屈服点为 235MPa 的 A 级沸腾钢
C．抗拉强度为 235MPa 的 A 级沸腾钢　　D．屈服点为 235MPa 的 B 级镇静钢

8．Q235—A·F 表示屈服点为 235MPa 的 A 级沸腾钢。（　　）
A．对　　B．错

9．Q235—A·F 表示屈服点为抗拉强度为 235MPa 的 A 级沸腾钢。（　　）
A．对　　B．错

10．在高碳钢拉伸性能试验过程中，其（　　）阶段不明显。
A．弹性　　B．屈服　　C．强化　　D．颈缩

11．在高碳钢拉伸性能试验过程中，其（　　）阶段不明显。
A．颈缩　　B．屈服　　C．强化　　D．弹性

12．在高碳钢拉伸性能试验过程中，其弹性阶段不明显。（　　）
A．对　　B．错

13．对钢材进行冷加工强化处理可提高其（　　）。
A．σ_s　　B．$\sigma_{0.2}$　　C．δ　　D．σ_b

14. ( ) 炼钢法所炼得钢的质量最好，主要用于冶炼优质碳素钢特殊合金钢。

A. 平炉　　B. 转炉　　C. 加热炉　　D. 电弧炉

15. ( ) 炼钢法所炼得钢的质量最好，主要用于冶炼优质碳素钢特殊合金钢。

A. 平炉　　B. 转炉　　C. 电弧炉　　D. 加热炉

16. 电弧炉炼钢法所炼得钢的质量最好，主要用于冶炼优质碳素钢特殊合金钢。( )

A. 对　　B. 错

17. 平炉炼钢法所炼得钢的质量最好，主要用于冶炼优质碳素钢特殊合金钢。( )

A. 对　　B. 错

18. 钢是指含碳量在 ( ) 以内含有害物质较少的铁碳合金。

A. 5%　　B. 3%　　C. 2%　　D. 1%

19. 钢是指含碳量在 ( ) 以内含有害物质较少的铁碳合金。

A. 1%　　B. 2%　　C. 3%　　D. 4%

20. 钢是指含碳量在 2%以内含有害物质较少的铁碳合金。( )

A. 对　　B. 错

21. 钢材的伸长率越大，说明钢材的 ( ) 越好。

A. 强度　　B. 硬度　　C. 韧性　　D. 塑性

22. HPB235 是 ( ) 的牌号。

A. 热轧光圆钢筋　　B. 低合金结构钢

C. 热轧带肋钢筋　　D. 碳素结构钢

23. HRB335 是 ( ) 的牌号。

A. 热轧光圆钢筋　　B. 低合金结构钢

C. 热轧带肋钢筋　　D. 碳素结构钢

24. 低碳钢拉伸性能试验后，不能得到的指标是 ( )。

A. σ_s　　B. $\sigma_{0.2}$　　C. δ　　D. σ_b

25. 钢的牌号 Q215—A•b 表示钢的屈服点为 215MPa 的 A 级 ( )。

A. 沸腾钢　　B. 特殊镇定钢　　C. 半镇定钢　　D. 镇定钢

26. 建筑钢材包括钢结构用型钢和钢筋混凝土用 ( )。

A. 钢板　　B. 沸腾钢　　C. 合金钢　　D. 钢筋

27. 低碳钢的屈服强度是工程设计上钢材强度取值的依据，是工程结构中一个非常重要的参数。( )

A. 对　　B. 错

28. 钢材经时效处理后，它的硬度增加，强度也增加。( )

A．对　　　　B．错

29．在低碳刚拉伸性能实验过程中，在（　　）阶段既产生弹性变形，又产生塑性变形。

A．弹性　　B．屈服　　C．强化　　D．颈缩

30．钢材按脱氧程度分为（　　）。

A．碳素钢、合金钢

B．沸腾钢、镇静钢、半镇静钢、特殊镇静钢

C．普通钢、优质钢、高级优质钢

D．结构钢、工具钢、特殊钢

31．钢材的屈强比能反映钢材的（　　）。

A．利用率　　　　B．结构安全可靠程度

C．利用率和结构安全可靠强度　　　　D．抗拉强度

32．在设计中一般以钢材的（　　）作为强度取值的依据。

A．比例极限　　B．弹性极限　　C．屈服极限　　D．强度极限

33．建筑中常用的钢有（　　）。

A．工具钢　　　　B．低合金结构钢

C．中合金结构钢　　　　D．高合金结构钢

34．下列元素中，哪种是钢的有害元素？（　　）

A．Mn　　B．Si　　C．V　　D．P

35．钢材属于黑色金属材料，钢和铁的主要成分是（　　）。

A．铁和碳　　　　B．铁和三氧化二铁

C．铁和四氧化三铁　　　　D．铁和五氧化四铁

36．钢材属于黑色金属材料，钢和铁的主要成分是（　　）。

A．铁和碳　　　　B．铁和一氧化碳

C．铁和二氧化碳　　　　D．铁和五氧化四铁

37．钢和铁的区别主要在于含碳量，含碳量小于（　　）的铁碳合金称为钢。

A．2%　　B．4%　　C．6%　　D．8%

38．钢和铁的区别主要在于含碳量，含碳量大于（　　）时则为铁。

A．2%　　B．4%　　C．6%　　D．8%

39．钢由生铁冶炼而成，（　　）一般用于炼钢。

A．灰口铁　　B．黑口铁　　C．蓝口铁　　D．白口铁

40．钢由生铁冶炼而成，（　　）即为铸铁，可用来浇铸成铸铁件。

A．灰口铁　　B．黑口铁　　C．蓝口铁　　D．白口铁

41．炼钢的原理是将生铁在熔融状态下进行氧化，使生铁中的含碳量降低到（　　）以下，

同时使磷、硫、氮等其他杂质也减少到规定数值内。

A．8%　　B．6%　　C．4%　　D．2%

42．炼钢的原理是将生铁在熔融状态下进行氧化，使生铁中的含碳量降低到2%以下，同时使杂质（　　）也减少到规定数值内。

A．镁　　B．铜　　C．钡　　D．磷

43．炼钢的原理是将生铁在熔融状态下进行氧化，使生铁中的含碳量降低到2%以下，同时使杂质（　　）也减少到规定数值内。

A．镁　　B．铜　　C．钡　　D．硫

44．将高压热空气由转炉底部或侧面吹入至熔融状态的铁液中，铁水中的杂质与空气中的氧起氧化作用从而被除去的炼钢法，是（　　）。

A．空气转炉法　　B．氧气转炉法　　C．平炉炼钢法　　D．电炉炼钢法

45．由转炉顶部吹入高压纯氧，代替空气吹入炼钢炉内铁水中，能有效地除去磷、硫等杂质的炼钢法是（　　）。

A．空气转炉法　　B．氧气转炉法　　C．平炉炼钢法　　D．电炉炼钢法

46．以铁液或体固体生铁、废铁或适量铁矿石做原料，用煤气或重油为燃料在平炉中加热冶炼，依靠铁矿石、废钢铁中的氧、空气中的氧或吹入的氧使杂质氧化而被除去的炼钢法是（　　）。

A．空气转炉法　　B．氧气转炉法　　C．平炉炼钢法　　D．电炉炼钢法

47．以生铁和废钢为原料，用电力为能源的冶炼方法。其熔炼温度高，温度容易控制，清除杂质彻底的炼钢法是（　　）。

A．空气转炉法　　B．氧气转炉法　　C．平炉炼钢法　　D．电炉炼钢法

48．（　　）的质量最好，但炼钢产量低，成本最高。适合产冶炼优质特殊质量的特种钢。

A．空气转炉法　　B．氧气转炉法　　C．平炉炼钢法　　D．电炉炼钢法

49．（　　）由于冶炼时间短，吹入的空气中含有氮、氢等有害气体，难以准确控制化学成分，硫、磷、氧等杂质不易除去，钢的质量较差，但该方法不需燃料，成本低。

A．空气转炉法　　B．氧气转炉法　　C．平炉炼钢法　　D．电炉炼钢法

50．根据脱氧程度不同，浇铸的钢锭可分为（　　）、镇静钢、半镇静钢和特殊镇静钢四种。

A．沸腾钢　　B．碳素钢　　C．不锈钢　　D．合金钢

51．根据脱氧程度不同，浇铸的钢锭可分为沸腾钢、（　　）、半镇静钢和特殊镇静钢四种。

A．镇静钢　　B．碳素钢　　C．不锈钢　　D．合金钢

52．根据脱氧程度不同，浇铸的钢锭可分为沸腾钢、（　　）、镇静钢和特殊镇静钢四种。

A．半镇静钢　　B．碳素钢　　C．不锈钢　　D．合金钢

53．根据脱氧程度不同，浇铸的钢锭可分为沸腾钢、镇静钢、半镇静钢和（　　）四种．

A．特殊镇静钢　　B．碳素钢　　C．不锈钢　　D．合金钢

54．（　　）脱氧充分彻底的钢，其质量最好，适用于特别重要的结构工程。

A．沸腾钢　　B．镇静钢　　C．半镇静钢　　D．特殊镇静钢

55．（　　）脱氧不完全或不充分的钢，成分不均匀，冲击韧性和焊接性能均较差，质量差；但成本低，被广泛应用于一般建筑结构中。

A．沸腾钢　　B．镇静钢　　C．半镇静钢　　D．特殊镇静钢

56．碳素钢按含碳量分为低碳钢、中碳钢、高碳钢，低碳钢含碳量小于（　　）。

A．0.25%　　B．0.45%　　C．0.65%　　D．0.85%

57．碳素钢按含碳量分为低碳钢、中碳钢、高碳钢，中碳钢含碳量（　　）。

A．小于 0.25%　　B．0.25%～0.60% 之间

C．小于 0.60%　　D．大于 0.60%

58．碳素钢按含碳量分为低碳钢、中碳钢、高碳钢，高碳钢含碳量（　　）。

A．小于 0.25%　　B．0.25%～0.60%之间

C．小于 0.60%　　D．大于 0.60%

59．合金钢按合金的含量分为低合金钢、中合金钢、高合金钢。低合金钢合金元素总量小于（　　）。

A．3%　　B．5%　　C．8%　　D．10%

60．合金钢按合金的含量分为低合金钢、中合金钢、高合金钢。高合金钢合金元素总量（　　）。

A．小于 5%　　B．5%～10% 之间

C．小于 60%　　D．大于 10%

61．钢材按品质分类、含硫量，由少到多的顺序为（　　）。

A．普通碳素钢、高级优质钢、特级优质钢、优质碳素钢

B．普通碳素钢、优质碳素钢、高级优质钢、特级优质钢

C．特级优质钢、普通碳素钢、优质碳素钢、高级优质钢

D．特级优质钢、高级优质钢、优质碳素钢、普通碳素钢

62．钢材按品质分类、含磷量，由少到多的顺序为（　　）。

A．普通碳素钢、高级优质钢、特级优质钢、优质碳素钢

B．普通碳素钢、优质碳素钢、高级优质钢、特级优质钢

C．特级优质钢、普通碳素钢、优质碳素钢、高级优质钢

D．特级优质钢、高级优质钢、优质碳素钢、普通碳素钢

63．伸长率 δ 是衡量钢材的（　　）指标，在工程中具有重要的意义。

A．塑性　　B．强度　　C．弹性　　D．硬度

64．伸长率 δ 数值愈大，表示钢材（　　）。

A．塑性愈差，强度较低　　B．塑性愈差，强度较高
C．塑性愈好，强度较高　　D．塑性愈好，强度较低

65．对同一钢材，其 δ_5（　　）δ_{10}。
A．等于　　B．大于　　C．小于　　D．小于等于

66．钢材屈强比愈小，钢材受力结构的安全性（　　），利用率（　　）。正确的是（　　）。
A．愈高；偏高　　B．愈高；偏低　　C．愈低；偏高　　D．愈低；偏低

67．钢材屈强比愈大，钢材受力结构的安全性（　　），利用率（　　）。正确的是（　　）。
A．愈高；偏高　　B．愈高；偏低　　C．愈低；偏高　　D．愈低；偏低

68．冲击韧性是指钢材抵抗冲击荷载而不破坏的能力。用试样缺口处单位横截面的（　　）来表示。
A．冲击功　　B．屈强比　　C．屈强强度　　D．破坏强度

69．材的冲击韧性是采用标准试件（　　）。
A．带有 V 形或 U 形缺口的金属试样　　B．带有 V 形或 W 形缺口的金属试样
C．带有 N 形或 M 形缺口的金属试样　　D．带有 N 形或 N 形缺口的金属试样

70．影响钢材冲击韧性的因素很多，如化学成分组织状态以及冶炼轧制质量等。钢材的冷脆性是因为（　　）含量较高。
A．磷　　B．镁　　C．铜　　D．钡

71．温度降低到某一负温时，钢材呈脆性破坏，规范中通常规定以负温（　　）冲击值作为指标。
A．－120℃或－140℃　　B．－100℃或－120℃
C．－60℃或－80℃　　D．－20℃或－40℃

72．钢材在荷载交变（　　）次时不破坏所能承受的最大应力为疲劳极限。
A．102　　B．105　　C．107　　D．109

73．用一定直径为 D 的淬火硬钢球，在规定荷载 P 的作用下压入试件表面并保持一定的时间，然后卸去荷载，用荷载 P 除以压痕球面积作为所测金属材料的硬度值为（　　）法。
A．布氏硬度　　B．维氏硬度　　C．洛氏硬度　　D．李氏硬度

74．钢材的硬度和强度成一定相关关系，可通过测定钢的硬度后间接求得其强度钢材的强度（　　），硬度值（　　）。正确的是（　　）。
A．越高；愈大　　B．越低；愈大　　C．越高；愈小　　D．以上答案都不对

75．建筑钢材的冷弯，弯曲角度 α（　　），弯心直径对试件厚度（或直径）的比值 d/a（　　），则冷弯性能就愈好。正确的是（　　）。
A．愈小；愈小　　B．愈大；愈小　　C．愈小；愈小　　D．以上答案都不对

76．钢材的可焊性与钢材所含化学成分及含量有关，含碳量（　　）或含（　　）的硫，

钢材的可焊性都变差。正确的是（　　）。

A．高；较多　　B．低；较多　　C．低；较多　　D．以上答案都不对

77．钢材的冷加工是指钢材在常温下通过（　　）、冷拔、冷轧等机械加工产生塑性变形，从而提高屈服强度和硬度。

A．冷拉　　B．冷焊　　C．冷弯　　D．以上答案都不对

78．钢材的冷加工是指钢材在常温下通过（　　）、冷拉、冷轧等机械加工产生塑性变形，从而提高屈服强度和硬度。

A．冷拔　　B．冷焊　　C．冷弯　　D．以上答案都不对

79．钢材的冷加工是指钢材在常温下通过冷拉、冷拔、（　　）等机械加工产生塑性变形，从而提高屈服强度和硬度。

A．冷轧　　B．冷焊　　C．冷弯　　D．以上答案都不对

80．钢材在常温下通过冷拉、冷拔、冷轧等机械加工产生塑性变形，提高屈服强度和硬度（　　）提高，塑性、韧性（　　）。正确的是（　　）。

A．降低；降低　　B．提高；降低　　C．提高；提高　　D．降低；提高

81．钢材经冷拉后，屈服强度可提高（　　）。钢筋的冷拉方法可采用控制冷拉应力和控制冷拉率两种方法，但应尽可能采用（　　）。正确的是（　　）。

A．100%～200%；控制冷拉率　　B．100%～200%；控制冷拉应力

C．20%～30%；控制冷拉率　　D．20%～30%；控制冷拉应力

82．冷拔低碳钢丝屈服强度可提高（　　），但此时钢筋已失去原有的塑性和韧性。

A．5%～10%　　B．20%～40%　　C．40%～60%　　D．60%～80%

83．钢材冷加工后的时效处理有自然时效和人工时效两种方法。将经冷加工的钢材在常温下放置（　　），或加热至（　　），保持 2 小时左右。正确的是（　　）。

A．5～7 天；100～200℃　　B．5～7 天；20～40℃

C．15～20 天；20～40℃　　D．15～20 天；100～200℃

84．将钢材加热至基本组织转变温度 723℃（相变温度）以上某一温度，保持一定时间，然后迅速放在水或机油中冷却的方法是（　　）。

A．正火　　B．淬火　　C．回火　　D．退火

85．将淬火处理后的钢材重新加热到 723℃以下某一温度，并且保持一定时间，再冷却至常温的方法是（　　）。

A．正火　　B．淬火　　C．回火　　D．退火

86．指将钢材加热至 723℃以上某一温度（30～50℃），保持较长的时间，然后在退火炉中慢慢地冷却的方法是（　　）。

A．正火　　B．淬火　　C．回火　　D．退火

87．将钢材加热到 723℃以上某一温度，并保持较长的时间，然后在空气中缓慢冷却的方

法是（　　）。

A．正火　　B．淬火　　C．回火　　D．退火

88．钢材的晶体组织中体心立方晶格是原子排列在一个（　　）的中心和各个顶点而构成的空间格子。

A．正四面体　　B．正六面体　　C．正八面体　　D．正九面体

89．碳素钢冶炼时在钢水冷却过程中，碳在 α-Fe 中的固溶体为（　　）。

A．奥氏体　　B．渗碳体　　C．珠光体　　D．铁素体

90．碳素钢冶炼时在钢水冷却过程中，碳在 γ-Fe 中的固溶体为（　　）。

A．奥氏体　　B．渗碳体　　C．珠光体　　D．铁素体

91．（　　）是铁碳化合物，含碳 6.67%，其熔点高，硬度大，几乎没有塑性。

A．奥氏体　　B．渗碳体　　C．珠光体　　D．铁素体

92．在含碳量小于 0.8%的碳素钢中，随着含碳量的增加，钢的抗拉强度（σ_b）和硬度（HB）在（　　），塑性和韧性则（　　）。正确的是（　　）。

A．增加；降低　　B．增加；增加　　C．降低；降低　　D．降低；增加

93．碳量大于 0.8% 时（高碳钢），随着含碳量的增加，钢的抗拉强度（σ_b）反而（　　）。

A．增加　　B．降低　　C．不变　　D．为零

94．（　　）是有益元素，加入钢中起脱氧和去硫作用，是有效的脱氧去硫剂。适量的能提高钢材的强度和硬度，消除硫对钢的热脆影响，改善热加工性和冷脆倾向，对塑性和韧性几乎不影响。

A．硫　　B．氧　　C．磷　　D．锰

95．（　　）虽可以使钢的屈服点、抗拉强度和硬度提高，但塑性、韧性、焊接性能和冷弯性能下降，且钢的时效敏感性和冷脆性增大。

A．硫　　B．氧　　C．磷　　D．氮

96．（　　）是钢中的有害元素，可提高钢的屈服点和抗拉强度，抗锈蚀能力，但塑性显著降低，在温度较低时出现冷脆现象。

A．硫　　B．氧　　C．磷　　D．氮

97．（　　）是极其有害的杂质，含量增加，降低钢的热加工性、可焊性、冲击韧性、疲劳强度和抗腐蚀性。焊接或热加工时有可能出现热脆性。

A．硫　　B．氧　　C．磷　　D．氮

98．普通碳素结构钢的牌号：Q235—A・F。其中 Q 表示（　　）。

A．脱氧方法符号　　B．屈服点数值

C．质量等级符号　　D．屈服点的字母

99．普通碳素结构钢的牌号：Q235—A • F。其中 235 表示（　　）。

A．屈服点的字母　　B．屈服点数值

C．质量等级符号　　D．脱氧方法符号

100．普通碳素结构钢的牌号：Q235—A • F。其中 A 表示（　　）。

A．屈服点的字母　　B．屈服点数值

C．质量等级符号　　D．脱氧方法符号

101．普通碳素结构钢的牌号：Q235—A • F。其中 F 表示（　　）。

A．屈服点的字母　　B．屈服点数值

C．质量等级符号　　D．脱氧方法符号

102．普通碳素结构钢的牌号：Q215—A • F。其中 Q 表示（　　）。

A．脱氧方法符号　　B．屈服点数值

C．质量等级符号　　D．屈服点的字母

103．普通碳素结构钢的牌号：Q215—A • F。其中 215 表示（　　）。

A．屈服点的字母　　B．屈服点数值

C．质量等级符号　　D．脱氧方法符号

104．普通碳素结构钢的牌号：Q215—A • F。其中 A 表示（　　）。

A．屈服点的字母　　B．屈服点数值

C．质量等级符号　　D．脱氧方法符号

105．普通碳素结构钢的牌号：Q215—A • F。其中 F 表示（　　）。

A．屈服点的字母　　B．屈服点数值

C．质量等级符号　　D．脱氧方法符号

106．下列普通碳素结构钢中，强度低，塑性和韧性、加工性能及焊接性能较好的是（　　）。

A．Q195　　B．Q215　　C．Q235　　D．Q255

107．下列普通碳素结构钢中，强度、硬度高，耐磨性好，但塑性和韧性、加工性能及焊接性能差的是（　　）。

A．Q195　　B．Q215　　C．Q235　　D．Q275

108．下列普通碳素结构钢中，强度较高，同时具有良好的塑性、韧性、焊接性，是工程中应用最广泛的钢材的是（　　）。

A．Q195　　B．Q215　　C．Q235　　D．Q275

109．普通碳素结构钢 Q195、Q215、Q235、Q255、Q275，按强度由大到小排序的是（　　）。

A．Q195、Q215、Q235、Q255、Q275　　B．Q215、Q195、Q235、Q255、Q275

C．Q255、Q195、Q215、Q235、Q275　　D．Q275、Q255、Q235、Q215、Q195

110．普通碳素结构钢 Q195、Q215、Q235、Q255、Q275，按强度由小到大排序的是（　　）。

A．Q195、Q215、Q235、Q255、Q275　　B．Q215、Q195、Q235、Q255、Q275

C．Q255、Q195、Q215、Q235、Q275　D．Q275、Q255、Q235、Q215、Q195

111．低合金高强度结构钢是在普通碳素钢的基础上加入一种或多种合金元素，正确的是（　　）。

A．硫、磷、钒、钛　B．氧、氮、钒、钛

C．磷、氮、钒、钛　D．硅、锰、钒、钛

112．低合金高强度结构钢是在普通碳素钢的基础上加入一种或多种合金元素，正确的是（　　）。

A．硫、磷、铌、铬、镍　B．氧、氮、铌、铬、镍

C．磷、氮、铌、铬、镍　D．硅、锰、铌、铬、镍

113．低合金高强度结构钢是在普通碳素钢的基础上加入一种或多种合金元素，正确的是（　　）。

A．硫、磷、钒、钛、铌、铬、镍　B．氧、氮、钒、钛、铌、铬、镍

C．磷、氮、钒、钛、铌、铬、镍　D．硅、锰、钒、钛、铌、铬、镍

114．低合金高强度结构钢全部是由（　　）制得。

A．镇静钢和特殊镇静钢　B．沸腾钢和镇静钢

C．沸腾钢和特殊镇静钢　D．镇静钢和半镇静钢

115．低合金高强度结构钢牌号：Q295—B，其中Q表示（　　）。

A．屈服点的字母　B．屈服点数值

C．质量等级符号　D．脱氧方法符号

116．合金高强度结构钢牌号：Q295—B，其中295表示（　　）。

A．屈服点的字母　B．屈服点数值

C．质量等级符号　D．脱氧方法符号

117．低合金高强度结构钢牌号：Q295—B，其中B表示（　　）。

A．屈服点的字母　B．屈服点数值

C．质量等级符号　D．脱氧方法符号

118．低合金高强度结构钢牌号：Q420—E，其中Q表示（　　）。

A．屈服点的字母　B．屈服点数值

C．质量等级符号　D．脱氧方法符号

119．低合金高强度结构钢牌号：Q420—E，其中420表示（　　）。

A．屈服点的字母　B．屈服点数值

C．质量等级符号　D．脱氧方法符号

120．低合金高强度结构钢牌号：Q420—E，其中E表示（　　）。

A．屈服点的字母　B．屈服点数值

C．质量等级符号　D．脱氧方法符号

121．低合金高强度结构钢牌号 Q295、Q345、Q390、Q420、Q460，按强度由大到小排序的是（　　）。

A．Q295、Q345、Q390、Q420、Q460　B．Q345、Q390、Q420、Q460、Q295

C．Q390、Q420、Q460、Q295、Q345　D．Q460、Q420、Q390、Q345、Q295

122．普通碳素结构钢 Q195、Q215、Q235、Q255、Q275，按强度由小到大排序的是（　　）。

A．Q295、Q345、Q390、Q420、Q460　B．Q345、Q390、Q420、Q460、Q295

C．Q390、Q420、Q460、Q295、Q345　D．Q460、Q420、Q390、Q345、Q295

123．GB/T 15574—1995《钢产品分类》规定，钢板成（　　）交货，钢带成（　　）交货。正确的是（　　）。

A．张；卷　B．张；张　C．卷；卷　D．卷；张

124．GB/T 15574—1995《钢产品分类》规定，厚度（　　）的钢板称为薄钢板。

A．不大于 5mm　B．不大于 6mm　C．不大于 1mm　D．不大于 3mm

125．热轧普通工字钢用符号（　　）后加截面高度的厘米数来表示。

A．I　B．U　C．H　D．C

126．热轧普通工字钢 I28a、I28b、I28c 表示截面高度为（　　）mm。

A．28　B．a　C．b　D．c

127．热轧普通工字钢 I28a、I28b、I28c，腹板厚度和翼缘宽度按 a、b、c 顺序（　　）。

A．递增　B．递减　C．不变　D．以上答案都不对

128．热轧槽钢在符号（　　）后加截面高度的厘米数来表示。

A．I　B．U　C．H　D．[

129．热轧槽钢在符号 [后加截面（　　）的厘米数来表示。

A．宽度　B．长度　C．翼缘厚度　D．高度

130．压型钢板是由厚度为（　　）的钢板压制而成。

A．0.4～2mm　B．0.4～20mm　C．4～2mm　D．4～20mm

131．在钢筋混凝土结构中，一般把直径（　　）称为钢丝。

A．3～5mm　B．6～12mm　C．大于 12mm　D．不小于 12mm

132．在钢筋混凝土结构中，一般把直径（　　）称为细钢筋。

A．3～5mm　B．6～12mm　C．大于 12mm　D．大于 20mm

133．在钢筋混凝土结构中，一般把直径（　　）称为粗钢筋。

A．3～5mm　B．6～12mm　C．大于 12mm　D．大于 20mm

134．为了便于识别，钢筋直径一般都相差（　　）。

A．1mm 及 1mm 以上　B．2mm 及 2mm 以上

C．5mm 及 5mm 以上　D．10mm 及 10mm 以上

135．钢筋的供货形式有（　　）。

A．直条　　B．盘条　　C．直条或盘条　　D．以上答案都不对

136．直条钢筋长度一般为（　　）长。

A．1m 或 3m　　B．3m 或 6m　　C．6m 或 9m　　D．10m 或 20m

137．热轧钢筋按轧制的外形分为热轧（　　）两种。

A．光圆、带肋　　B．圆形、方形

C．正方形、长方形　　D．圆形、椭圆形

138．热轧带肋钢筋又分为（　　）两种。

A．光圆、带肋　　B．月牙肋、等高肋

C．正方形、长方形　　D．圆形、椭圆形

139．下图为热轧带肋钢筋（　　）。

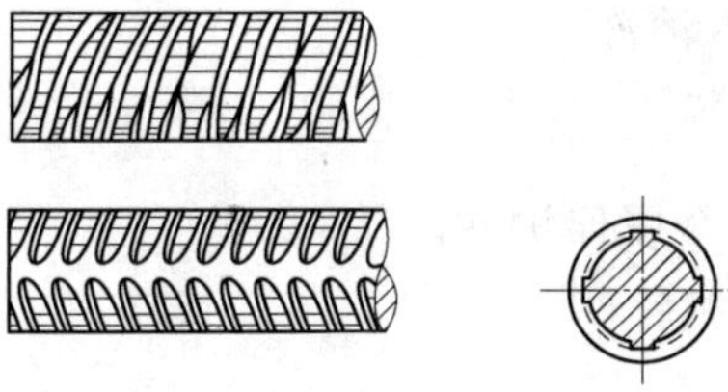

A．光圆　　B．月牙肋　　C．等高肋　　D．圆形

140．下图为热轧带肋钢筋（　　）。

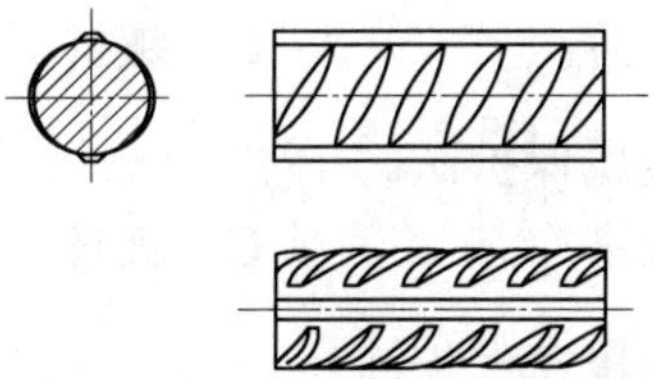

A．光圆　　B．月牙肋　　C．等高肋　　D．圆形

141．根据 GB 13013—91《钢筋混凝土用热轨光圆钢筋》和 GB 1499—98《钢筋混凝土用热轧带肋钢筋》，热轧钢筋按（　　）分为四个等级。

A．屈服点　　B．抗拉强度　　C．伸长率　　D. 屈服点及抗拉强度

142．根据 GB 13013—91《钢筋混凝土用热轨光圆钢筋》和 GB 1499—98《钢筋混凝土用热轧带肋钢筋》，热轧钢筋按屈服点及抗拉强度分为（　　）等级。

A．三个　　B．四个　　C．五个　　D．六个

143．根据 GB 13013—91《钢筋混凝土用热轨光圆钢筋》和 GB 1499—98《钢筋混凝土用热轧带肋钢筋》，热轧钢筋按屈服点及抗拉强度分为（　　）等级。

A．Ⅰ　　B．Ⅰ、Ⅱ　　C．Ⅰ、Ⅱ、Ⅲ　　D．Ⅰ、Ⅱ、Ⅲ、Ⅳ

144．钢绞线 1×7，钢筋总数量为（　　）。

A．7　　B．6　　C．5　　D．4

145．钢绞线 1×2，钢筋总数量为（　　）。

A．1　　B．2　　C．3　　D．4

146．钢绞线 1×3，钢筋总数量为（　　）。

A．1　　B．2　　C．3　　D．4

147．钢材的腐蚀可分为化学腐蚀和（　　）两类。

A．氧化腐蚀　　B．还原腐蚀　　C．电化学腐蚀　　D．光氧化腐蚀

148．钢材的腐蚀中，（　　）是最主要的钢材锈蚀形式。

A．氧化腐蚀　　B．还原腐蚀　　C．电化学腐蚀　　D．光氧化腐蚀

149．钢材电化学腐蚀是因钢材中含有多种成分，由于成分的电极电位不同，阳极的（　　）失去电子成为离子，进入溶液。

A．铁　　B．碳　　C．磷　　D．硫

150．钢材腐蚀，（　　）是非金属保护法。

A．喷涂涂料　　B．镀铬　　C．镀锌　　D．镀锡

151．钢材腐蚀，（　　）是非金属保护法。

A．醇酸漆　　B．镀铬　　C．镀锌　　D．镀锡

152．钢材腐蚀，（　　）是非金属保护法。

A．酚醛磁漆　　B．镀铬　　C．镀锌　　D．镀锡

153．钢材腐蚀，（　　）是非金属保护法。

A．灰铅油　　B．镀铬　　C．镀锌　　D．镀锡

154．钢材腐蚀，（　　）是金属覆盖保护法。

A．喷涂涂料　　B．灰铅油　　C．酚醛磁漆　　D．镀锡

155．钢材腐蚀，（　　）是金属覆盖保护法。

A．喷涂涂料　　B．灰铅油　　C．酚醛磁漆　　D．镀铬

156．钢材腐蚀，（　　）是金属覆盖保护法。

A．喷涂涂料　　B．灰铅油　　C．酚醛磁漆　　D．镀锌

157．钢材腐蚀，（　　）是金属覆盖保护法。

A．喷涂涂料　　B．灰铅油　　C．酚醛磁漆　　D．镀锡

158．燃性材料，温度超过（　　），弹性模量、屈服点均开始显著下降，应变急剧增大。

A．200℃　　B．300℃　　C．500℃　　D．600℃

159．燃性材料，温度超过 300℃，弹性模量、屈服点均开始显著下降，应变急剧增大；到

达（　　）时钢材基本失去承载能力。

A．200℃　　B．300℃　　C．500℃　　D．600℃

160．实验表明，裸露钢梁的耐火性极限只有（　　）小时，没有防火保护层的钢结构不能够抵抗火灾。

A．15　　B．1.5　　C．0.15　　D．0.015

第九章　常用建筑装饰材料

1．下列选项中，不是装饰材料的选用原则的是（　　）。
A．材料的外观　　B．材料的功能性　　C．材料的经济性　　D．材料的耐久性

2．下列选项中，不是装饰材料的选用原则的是（　　）。
A．材料的外观　　B．材料的耐久性　　C．材料的经济性　　D．材料的功能性

3．下列选项中，不是装饰材料的选用原则的是（　　）。
A．材料的耐久性　　B．材料的功能性　　C．材料的经济性　　D．材料的外观

4．对装饰材料的质量要求，除满足功能需要外，为了保证其装饰效果，还应注意（　　）方面。
A．材料的颜色、光泽、透明度　　B．材料的表面组织
C．材料的形状尺寸　　D．以上全部

5．对装饰材料的质量要求，除满足功能需要外，为了保证其装饰效果，还应注意材料的颜色、光泽、透明度、表面组织、形状尺寸等方面。（　　）
A．对　　B．错

6．建筑饰面的装饰效果一般通过材料的多方面来体现，下列选项中不是的有（　　）。
A．色调　　B．质感　　C．线条　　D．强度

7．建筑饰面的装饰效果一般通过材料的多方面来体现，下列选项中不是的有（　　）。
A．色调　　B．质感　　C．强度　　D．线条

8．建筑饰面的装饰效果一般通过材料的多方面来体现，下列选项中不是的有（　　）。
A．强度　　B．质感　　C．线条　　D．色调

9．建筑饰面的装饰效果一般通过材料的多方面来体现，如色调、质感、线条等。（　　）
A．对　　B．错

10．建筑饰面的装饰效果一般通过材料的多方面来体现，如色调、质感、强度等。（　　）
A．对　　B．错

11．玻璃是以石英、纯碱、长石和石灰石等为主要原料，在（　　）高温下熔融、成型、冷却固化而成的非结晶无机材料。
A．800～1600℃　　B．900～1600℃　　C．1000～1600℃　　D．1550～1600℃

12．玻璃是以石英、纯碱、长石和石灰石等为主要原料，在（　　）高温下熔融、成型、冷却固化而成的非结晶无机材料。

A．1550～1600℃　B．1000～1600℃　C．900～1600℃　D．800～1600℃

13．玻璃是一种无定形的（　　）制品。
A．硫酸盐　B．硅酸盐　C．磷酸盐　D．镁酸盐

14．玻璃是一种无定形的（　　）制品。
A．硫酸盐　B．镁酸盐　C．磷酸盐　D．硅酸盐

15．玻璃是一种无定形的（　　）制品。
A．硅酸盐　B．硫酸盐　C．磷酸盐　D．镁酸盐

16．玻璃是一种无定形的硅酸盐制品。（　　）
A．对　B．错

17．玻璃是一种无定形的磷酸盐制品。（　　）
A．对　B．错

18．玻璃是一种无定形的各向（　　）材料。
A．同性的均质　B．异性的均质　C．同性的不均质　D．异同的不均质

19．玻璃是一种无定形的各向（　　）材料。
A．同性的不均质　B．同性的均质　C．异同的不均质　D．异性的均质

20．玻璃是一种无定形的各向（　　）材料。
A．异性的均质　B．异同的不均质　C．同性的均质　D．同性的不均质

21．玻璃是一种无定形的各向同性的均质材料。（　　）
A．对　B．错

22．玻璃是一种无定形的各向同性的不均质材料。（　　）
A．对　B．错

23．玻璃是一种无定形的各向异性的均质材料。（　　）
A．对　B．错

24．玻璃的组成比较复杂，其主要化学成分是（　　）。
A．SiO_2　B．CaO　C．MgO　D．Al_2O_3

25．玻璃的组成比较复杂，其主要化学成分是（　　）。
A．CaO　B．MgO　C．SiO_2　D．Al_2O_3

26．玻璃的组成比较复杂，其主要化学成分是 SiO_2，少量（　　）。
A．SiO_2　B．CaO　C．MgO　D．Al_2O_3

27．玻璃的组成比较复杂，其主要化学成分是 SiO_2，少量（　　）。
A．MgO　B．CaO　C．SiO_2　D．Al_2O_3

28．玻璃的组成比较复杂，其主要化学成分是 SiO_2。（　　）

A．对　　　　B．错

29．玻璃的组成比较复杂，其主要化学成分是 CaO。（　　）

A．对　　　　B．错

30．玻璃的组成比较复杂，其主要化学成分是 MgO。（　　）

A．对　　　　B．错

31．玻璃的组成比较复杂，其主要化学成分是 SiO_2，少量 MgO。（　　）

A．对　　　　B．错

32．中国独立自主研究开发了中国自己的浮法玻璃工艺，1971 年在中国洛阳建成了第一条浮法玻璃生产线，定名为（　　）。

A．中国洛阳浮法玻璃工艺　　B．英国皮尔金顿浮法工艺

C．美国匹兹堡浮法工艺　　D．以上答案都不对

33．（　　）可看作是绝对密实材料。

A．混凝土　　B．钢筋　　C．木材　　D．玻璃

34．（　　）可看作是绝对密实材料。

A．木材　　B．钢筋　　C．玻璃　　D．混凝土

35．（　　）可看作是绝对密实材料。

A．玻璃　　B．钢筋　　C．木材　　D．混凝土

36．玻璃可看作是绝对密实材料。（　　）

A．对　　　　B．错

37．（　　）具有很好的光学性质，当光线入射时，表现有透射、反射和吸收三种性质。

A．混凝土　　B．钢筋　　C．木材　　D．玻璃

38．（　　）具有很好的光学性质，当光线入射时，表现有透射、反射和吸收三种性质。

A．玻璃　　B．钢筋　　C．木材　　D．混凝土

39．（　　）具有很好的光学性质，当光线入射时，表现有透射、反射和吸收三种性质。

A．钢筋　　B．陶瓷　　C．玻璃　　D．木材

40．玻璃具有很好的光学性质，当光线入射时，表现有透射、反射和吸收三种性质。（　　）

A．对　　　　B．错

41．陶瓷具有很好的光学性质，当光线入射时，表现有透射、反射和吸收三种性质。（　　）

A．对　　　　B．错

42．（　　）抗压强度较高，一般为 600～1200MPa，在受冲击时易破碎，是典型的脆性材料。

A．混凝土　　B．钢筋　　C．木材　　D．玻璃

43．（　　）抗压强度较高，一般为600～1200MPa，在受冲击时易破碎，是典型的脆性材料。

A．玻璃　　B．钢筋　　C．木材　　D．混凝土

44．（　　）抗压强度较高，一般为600～1200MPa，在受冲击时易破碎，是典型的脆性材料。

A．木材　　B．钢筋　　C．玻璃　　D．混凝土

45．玻璃抗压强度较高，一般为600～1200MPa，在受冲击时易破碎，是典型的脆性材料。（　　）

A．对　　B．错

46．钢筋抗压强度较高，一般为600～1200MPa，在受冲击时易破碎，是典型的脆性材料。（　　）

A．对　　B．错

47．木材抗压强度较高，一般为600～1200MPa，在受冲击时易破碎，是典型的脆性材料。（　　）

A．对　　B．错

48．（　　）是玻璃制品的冷加工过程。

A．研磨抛光　　B．化学抛光　　C．化学刻蚀　　D．表面金属涂层

49．（　　）是玻璃制品的冷加工过程。

A．化学刻蚀　　B．化学抛光　　C．研磨抛光　　D．表面金属涂层

50．研磨抛光是玻璃制品的冷加工过程。（　　）

A．对　　B．错

51．一般根据标准规定，引拉法玻璃最厚的玻璃规格为（　　）mm。

A．3　　B．4　　C．5　　D．6

52．一般根据标准规定，引拉法玻璃最厚的玻璃规格为（　　）mm。

A．5　　B．6　　C．7　　D．8

53．一般根据标准规定，引拉法玻璃最厚的玻璃规格为6mm。（　　）

A．对　　B．错

54．一般根据标准规定，引拉法玻璃最厚的玻璃规格为8mm。（　　）

A．对　　B．错

55．一般根据标准规定，引拉法玻璃按玻璃的厚度规格可分为（　　）类。

A．五　　B．六　　C．七　　D．八

56．一般根据标准规定，引拉法玻璃按玻璃的厚度规格可分为（　　）类。

A．3　　B．4　　C．5　　D．6

57．一般根据标准规定，引拉法玻璃按玻璃的厚度规格可分为五类。（　　）

A．对　　　　　　　　　　　　　　　　B．错

58．一般根据标准规定，引拉法玻璃按玻璃的厚度规格可分为三类。（　　）

A．对　　　　　　　　　　　　　　　　B．错

59．一般根据标准规定，浮法玻璃按玻璃的厚度规格可分为（　　）类。

A．五　　　　B．六　　　　C．七　　　　D．八

60．一般根据标准规定，浮法玻璃按玻璃的厚度规格可分为（　　）类。

A．3　　　　B．5　　　　C．7　　　　D．9

61．一般根据标准规定，浮法玻璃按玻璃的厚度规格可分为（　　）类。

A．9　　　　B．8　　　　C．7　　　　D．6

62．一般根据标准规定，浮法玻璃按玻璃的厚度规格可分为七类。（　　）

A．对　　　　　　　　　　　　　　　　B．错

63．一般根据标准规定，浮法玻璃按玻璃的厚度规格可分为五类。（　　）

A．对　　　　　　　　　　　　　　　　B．错

64．一般根据标准规定，浮法玻璃按玻璃的厚度规格可分为三类。（　　）

A．对　　　　　　　　　　　　　　　　B．错

65．一般根据标准规定，浮法玻璃最厚的玻璃规格为（　　）mm。

A．6　　　　B．8　　　　C．10　　　　D．12

66．一般根据标准规定，浮法玻璃最厚的玻璃规格为（　　）mm。

A．10　　　　B．12　　　　C．16　　　　D．18

67．一般根据标准规定，浮法玻璃最厚的玻璃规格为12mm。（　　）

A．对　　　　　　　　　　　　　　　　B．错

68．一般根据标准规定，浮法玻璃最厚的玻璃规格为10mm。（　　）

A．对　　　　　　　　　　　　　　　　B．错

69．普通平板玻璃按外观质量分为（　　）。

A．优等品、一等品、合格品　　　　B．优等品、合格品

C．一等品、合格品　　　　　　　　D．合格品、废品

70．普通平板玻璃按外观质量分为（　　）。

A．合格品、废品　　　　　　　　　B．一等品、合格品

C．优等品、合格品　　　　　　　　D．优等品、一等品、合格品

71．普通平板玻璃按外观质量分为（　　）。

A．A、B　　　　B．A、B、C　　　　C．A、B、C、D　　　　D．都不是

72．普通平板玻璃按外观质量分为优等品、一等品、合格品。（　　）

A．对　　　　B．错

73．普通平板玻璃按外观质量分为一等品、合格品。（　　）

A．对　　　　B．错

74．普通平板玻璃质量标准规定，波筋的鉴定采用目测法，规定特选品允许看出波筋的最大角度为（　　）。

A．30°　　B．45°　　C．60°　　D．90°

75．普通平板玻璃质量标准规定，波筋的鉴定采用目测法，规定特选品允许看出波筋的最大角度为30°。（　　）

A．对　　　　B．错

76．普通平板玻璃质量标准规定，波筋的鉴定采用目测法，规定特选品允许看出波筋的最大角度为45°。（　　）

A．对　　　　B．错

77．普通平板玻璃质量标准规定，波筋的鉴定采用目测法，规定一等品允许看出波筋的最大角度为（　　）。

A．30°　　B．45°　　C．60°　　D．90°

78．普通平板玻璃质量标准规定，波筋的鉴定采用目测法，规定一等品允许看出波筋的最大角度为45°。（　　）

A．对　　　　B．错

79．普通平板玻璃质量标准规定，波筋的鉴定采用目测法，规定一等品允许看出波筋的最大角度为30°。（　　）

A．对　　　　B．错

80．普通平板玻璃质量标准规定，波筋的鉴定采用目测法，规定二等品允许看出波筋的最大角度为（　　）。

A．30°　　B．45°　　C．60°　　D．90°

81．普通平板玻璃质量标准规定，波筋的鉴定采用目测法，规定二等品允许看出波筋的最大角度为60°。（　　）

A．对　　　　B．错

82．普通平板玻璃质量标准规定，波筋的鉴定采用目测法，规定二等品允许看出波筋的最大角度为45°。（　　）

A．对　　　　B．错

83．一般建筑采光用玻璃多为3mm厚的普通平板玻璃，用作玻璃幕墙、采光屋面、商店橱窗或柜台等多采用厚度为5mm或6mm的钢化玻璃，公共建筑的大门玻璃则常用经钢化后的（　　）mm以上的厚玻璃。

A．6　　B．8　　C．10　　D．12

84．一般建筑采光用玻璃多为 3mm 厚的普通平板玻璃，用作玻璃幕墙、采光屋面、商店橱窗或柜台等多采用厚度为 5mm 或 6mm 的钢化玻璃，公共建筑的大门玻璃则常用经钢化后的（　　）mm 以上的厚玻璃。

A．3　　B．6　　C．8　　D．10

85．一般建筑采光用玻璃多为 3mm 厚的普通平板玻璃，用作玻璃幕墙、采光屋面、商店橱窗或柜台等多采用厚度为 5mm 或 6mm 的钢化玻璃，公共建筑的大门玻璃则常用经钢化后的 10mm 以上的厚玻璃。（　　）

A．对　　B．错

86．玻璃属易碎品，故通常用木箱或集装箱包装。平板玻璃在储存、装卸和运输时，必须（　　），需注意防潮和防雨。

A．箱盖向下，垂直立放　　B．箱盖向下，水平立放
C．箱盖向上，水平立放　　D．箱盖向上，垂直立放

87．玻璃属易碎品，故通常用木箱或集装箱包装。平板玻璃在储存、装卸和运输时，必须（　　），需注意防潮和防雨。

A．箱盖向上，垂直立放　　B．箱盖向下，垂直立放
C．箱盖向上，水平立放　　D．箱盖向下，水平立放

88．玻璃属易碎品，故通常用木箱或集装箱包装。平板玻璃在储存、装卸和运输时，必须箱盖向上，垂直立放，需注意防潮和防雨。（　　）

A．对　　B．错

89．玻璃属易碎品，故通常用木箱或集装箱包装。平板玻璃在储存、装卸和运输时，必须箱盖向上，水平立放，需注意防潮和防雨。（　　）

A．对　　B．错

90．（　　）是安全玻璃。

A．夹丝玻璃　　B．吸热玻璃　　C．化学钢化　　D．玻璃砖

91．（　　）是安全玻璃。

A．化学钢化　　B．吸热玻璃　　C．夹丝玻璃　　D．玻璃砖

92．（　　）是安全玻璃。

A．钢化玻璃　　B．吸热玻璃　　C．玻璃砖　　D．防辐射玻璃

93．下列不是安全玻璃的是（　　）。

A．钢化玻璃　　B．夹层玻璃　　C．夹丝玻璃　　D．玻璃砖

94．下列不是安全玻璃的是（　　）。

A．玻璃砖　　B．夹层玻璃　　C．夹丝玻璃　　D．钢化玻璃

95．（　　）坯体多孔，有一定的吸水率 9%～12%，断面粗糙无光，敲之声音粗哑，有的无釉，有的施釉。

A．陶器　　B．炻器　　C．瓷器　　D．陶瓷

96．砖、瓦、釉面砖、卫生陶瓷、彩陶坯体，属于（　　）制品。
A．陶器　　B．炻器　　C．瓷器　　D．陶瓷

97．（　　）坯体结构致密、基本不吸水，色白、有半透明性，通常均施釉。
A．陶器　　B．炻器　　C．瓷器　　D．陶瓷

98．日用餐茶具、陈设瓷、电瓷、美术用品，属于（　　）制品。
A．陶器　　B．炻器　　C．瓷器　　D．陶瓷

99．一般情况，釉面砖根据其外观质量分为（　　）。
A．优等品、一等品、合格品　　B．优等品、合格品
C．一等品、合格品　　D．合格品、废品

100．一般釉面砖按产品表面质量和变形允许偏差分为（　　）几个等级。
A．优等品、一等品、合格品　　B．优等品、合格品
C．一等品、合格品　　D．合格品、废品

101．一般釉面砖根据耐酸、耐碱性能把耐化学腐蚀性分为（　　）个等级。
A．三　　B．四　　C．五　　D．六

102．一般釉面砖根据耐酸、耐碱性能把耐化学腐蚀性分为（　　）五个等级。
A．A、B、C、D、E　　B．1、2、3、4、5
C．一、二、三、四、五　　D．AA、A、B、C、D

103．陶瓷锦砖俗称马赛克，其边长不大于（　　）mm，出厂时将小瓷片按设计的图案反贴在一定规格的牛皮纸上。
A．20　　B．30　　C．40　　D．50

104．陶瓷锦砖俗称马赛克，其边长不大于40mm，出厂时将小瓷片按设计的图案反贴在一定规格的牛皮纸上，一张称为（　　）。
A．块　　B．联　　C．组　　D．平方

105．陶瓷锦砖俗称马赛克，出厂时将小瓷片按设计的图案反贴在一定规格的牛皮纸上，每（　　）为一箱，每箱约3.2～4.2m^2。
A．30联　　B．40联　　C．50联　　D．60联

106．陶瓷锦砖俗称马赛克，出厂时将小瓷片按设计的图案反贴在一定规格的牛皮纸上，正面贴纸锦砖的脱纸时间不大于（　　）。
A．30分钟　　B．40分钟　　C．50分钟　　D．60分钟

107．陶瓷锦砖按外观质量分为（　　）。
A．优等品、一等品、合格品　　B．优等品、合格品
C．一等品、合格品　　D．合格品、废品

108．琉璃制品是一种带釉陶瓷，其坯体泥质细净坚实，烧成温度较高。吻、兽、博古属于

（　　）琉璃制品。

A．琉璃瓦类　　B．脊类　　C．装饰制件类　　D．以上答案都不对

109．美国、欧洲各国建筑涂料以成膜物分类，主要由（　　）、聚醋酸乙烯系列两大类树脂构成。

A．丙烯酸系列　　B．聚氨酯　　C．环氧树脂系列　　D．丙醇

110．美国、欧洲各国建筑涂料以成膜物分类，主要由（　　）、聚醋酸乙烯系列两大类树脂构成。

A．丙醇　　B．聚氨酯　　C．丙烯酸系列　　D．环氧树脂系列

111．国际环境保护法 1980 年颁布后，发达国家提出发展涂料工业的（　　）。

A．两大前提、四大原则　　B．三大前提、四大原则

C．四大前提、三大原则　　D．四大前提、三大原则

112．国际环境保护法 1980 年颁布后，发达国家提出发展涂料工业的三大前提即（　　）。

A．无公害、省资源、省能源　　B．无公害、无污染、省能源

C．无公害、无污染、省资源　　D．经济、能源、效率

113．国际环境保护法 1980 年颁布后，发达国家提出发展涂料工业的四大原则即（　　）。

A．经济、能源、效率、生态　　B．经济、无公害、无污染、省资源

C．经济、无公害、省资源、省能源　　D．经济、无公害、无污染、省能源

114．聚乙烯醇系缩聚物、聚醋酸乙烯及其共聚物是涂料的基本组分中的（　　）。

A．主要成膜物质　　B．次要成膜物质

C．稀释剂　　D．助剂

115．丙烯酸酯及其共聚物、氯乙烯—偏氯乙烯共聚物是涂料的基本组分中的（　　）。

A．主要成膜物质　　B．次要成膜物质

C．稀释剂　　D．助剂

116．氧树脂、聚氨树脂、氯乙烯—偏氯乙烯共聚物是涂料的基本组分中的（　　）。

A．主要成膜物质　　B．次要成膜物质

C．稀释剂　　D．助剂

117．碱土金属盐、硅酸盐和镁铝的金属盐是涂料的基本组分中的（　　）。

A．主要成膜物质　　B．次要成膜物质

C．稀释剂　　D．助剂

118．重晶石粉、轻质碳酸钙、云母粉是涂料的基本组分中的（　　）。

A．主要成膜物质　　B．次要成膜物质

C．稀释剂　　D．助剂

119．松香水、酒精是涂料的基本组分中的（　　）。

A．主要成膜物质　　B．次要成膜物质

C．稀释剂　　D．助剂

120．苯、200 号汽油、丙醇等是涂料的基本组分中的（　　）。
A．主要成膜物质　　B．次要成膜物质
C．稀释剂　　D．助剂

121．增塑剂、催干剂、固化剂是涂料的基本组分中的（　　）。
A．主要成膜物质　　B．次要成膜物质
C．稀释剂　　D．助剂

122．抗氧化剂、紫外线吸收剂、防霉剂是涂料的基本组分中的（　　）。
A．主要成膜物质　　B．次要成膜物质
C．稀释剂　　D．助剂

123．环氧树脂漆类涂料代号为 H，B 为（　　）。
A．酚醛漆类　　B．聚酯漆类　　C．丙烯酸漆类　　D．橡胶漆类

124．环氧树脂漆类涂料代号为 H，F 为（　　）。
A．酚醛漆类　　B．聚酯漆类　　C．丙烯酸漆类　　D．橡胶漆类

125．环氧树脂漆类涂料代号为 H，J 为（　　）。
A．酚醛漆类　　B．聚酯漆类　　C．丙烯酸漆类　　D．橡胶漆类

126．环氧树脂漆类涂料代号为 H，X 为（　　）。
A．酚醛漆类　　B．聚酯漆类　　C．丙烯酸漆类　　D．橡胶漆类

127．环氧树脂漆类涂料代号为 H，L 为（　　）。
A．沥青漆类　　B．醇酸漆类　　C．氨基漆类　　D．硝基漆类

128．环氧树脂漆类涂料代号为 H，C 为（　　）。
A．沥青漆类　　B．醇酸漆类　　C．氨基漆类　　D．硝基漆类

129．环氧树脂漆类涂料代号为 H，A 为（　　）。
A．沥青漆类　　B．醇酸漆类　　C．氨基漆类　　D．硝基漆类

130．环氧树脂漆类涂料属于（　　）涂料。
A．混合　　B．复合　　C．无机　　D．有机

131．环氧树脂漆类涂料代号为 H，Q 为（　　）。
A．沥青漆类　　B．醇酸漆类　　C．氨基漆类　　D．硝基漆类

132．涂料的基本名称代号，清油为（　　）。
A．00　　B．01　　C．10　　D．100

133．涂料的基本名称代号，乳胶漆为（　　）。
A．12　　B．120　　C．1200　　D．12000

134．下列不属于天然石材中有可能含有的放射性元素的是（　　）。

A．铀　　B．镭　　C．钾—40　　D．钠

135．下列不属于天然石材中有可能含有的放射性元素的是（　　）。

A．铝　　B．镭　　C．钾—40　　D．钍

136．下列属于天然石材中有可能含有的放射性元素的是（　　）。

A．铀　　B．铜　　C．钾—40　　D．钍

137．下列不属于天然石材中有可能含有的放射性元素的是（　　）。

A．铀　　B．镭　　C．钙　　D．钍

138．下列属于天然石材中有可能含有的放射性元素的是（　　）。

A．铀　　B．钠　　C．钙　　D．铝

139．下列属于天然石材中有可能含有的放射性元素是（　　）。

A．镭　　B．钠　　C．钙　　D．铝

140．下列属于天然石材中有可能含有的放射性元素是（　　）。

A．钍　　B．钠　　C．钙　　D．铝

141．下列（　　）是天然石材中有可能含有的放射性元素。

A．钾—40　　B．钠　　C．钙　　D．铝

142．天然石材产品根据放射性水平划分为（　　）。

A．A类、B类、C类　　B．一类、二类、三类

C．一组、二组、三组　　D．优等品、一等品、合格品

143．天然石材产品根据放射性水平划分为（　　）类。

A．二　　B．三　　C．四　　D．五

144．天然石材产品根据放射性水平，（　　）类其使用范围不受限制。

A．A　　B．B　　C．C　　D．D

145．天然石材产品根据放射性水平，（　　）不可用于居室内饰面，可用于其他一切建筑物的内、外饰面。

A．A类　　B．B类　　C．C类　　D．D类

146．天然石材产品根据放射性水平，（　　）只可用于室外饰面。

A．A类　　B．B类　　C．C类　　D．D类

147．板材（石材）是用结构致密的岩石荒料经凿平、锯断、磨光等加工方法制作而成的厚度一般为（　　）的板状石材。

A．10mm　　B．20mm　　C．30mm　　D．40mm

148．板材（石材）是用结构致密的岩石荒料经凿平、锯断、磨光等加工方法制作而成的厚

度一般为（　　）的板状石材。

A．20mm　B．30mm　C．40mm　D．50mm

149．目前，世界天然石材装饰板材的标准厚度还是以（　　）为标准。

A．20mm　B．30mm　C．40mm　D．50mm

150．（　　）不是天然大理石装饰板材。

A．汉白玉　B．济南青　C．风雪　D．雪云

151．（　　）不是天然大理石装饰板材。

A．汉白玉　B．将军红　C．风雪　D．雪云

152．（　　）不是天然大理石装饰板材。

A．汉白玉　B．白虎涧　C．风雪　D．雪云

153．（　　）是天然大理石装饰板材。

A．汉白玉　B．白虎涧　C．济南青　D．将军红

154．（　　）是天然大理石装饰板材。

A．艾叶青　B．白虎涧　C．济南青　D．将军红

155．（　　）是天然大理石装饰板材。

A．晶白　B．白虎涧　C．济南青　D．将军红

156．（　　）是天然大理石装饰板材。

A．凝脂　B．白虎涧　C．济南青　D．将军红

157．我国生产的天然大理石装饰板材，著名品种很多。下列不是我国生产的是（　　）。

A．汉白玉　B．东北红　C．丹东绿　D．印度红

158．我国生产的天然大理石装饰板材，著名品种很多。下列不是我国生产的是（　　）。

A．汉白玉　B．东北红　C．丹东绿　D．巴西蓝

159．我国生产的天然大理石装饰板材，著名品种很多。下列不是我国生产的是（　　）。

A．汉白玉　B．东北红　C．丹东绿　D．挪威蓝

160．我国生产的天然大理石装饰板材，著名品种很多。下列不是我国生产的是（　　）。

A．汉白玉　B．东北红　C．丹东绿　D．卡拉奇白

161．在国际市场上受欢迎的大理石品种颜色有纯白、纯黑、粉红色、浅绿色等，下列名品中有（　　）。

A．汉白玉　B．东北红　C．丹东绿　D．挪威蓝

162．在国际市场上受欢迎的大理石品种颜色有纯白、纯黑、粉红色、浅绿色等，下列名品中有（　　）。

A．汉白玉　B．东北红　C．丹东绿　D．卡拉奇白

163．在国际市场上受欢迎的大理石品种颜色有纯白、纯黑、粉红色、浅绿色等，下列名品中有（ ）。

A．汉白玉　B．东北红　C．丹东绿　D．巴西蓝

164．在国际市场上受欢迎的大理石品种颜色有纯白、纯黑、粉红色、浅绿色等，下列名品中有（　　）。

A．汉白玉　B．东北红　C．丹东绿　D．印度红

165．我国 JC/T 79—2001《天然大理石建筑板材》规定，其板材的形状可分为普通型（PX）、圆弧板（HM）和（　　）三类。

A．正方形（ZF）　B．长方形（CF）

C．圆形（YW）　D．异型板材（YX）

166．我国 JC/T 79—2001《天然大理石建筑板材》规定，其板材的形状可分为普通型（PX）、异型板材（YX）和（　　）三类。

A．正方形（ZF）　B．长方形（CF）

C．圆弧板（HM）　D．圆形（YW）

167．我国 JC/T 79—2001《天然大理石建筑板材》规定，其板材的形状可分为异型板材（YX）、圆弧板（HM）和（　　）三类。

A．正方形（ZF）　B．长方形（CF）

C．普通型（PX）　D．圆形（YW）

168．大理石的产品质量可根据尺寸允许偏差、平面度允许极限公差、角度允许极限公差、外观质量和镜面光泽度等标准分为（　　）。

A．优等品、一等品、合格品　B．优等品、合格品

C．一等品、合格品　D．合格品、废品

169．大理石的产品质量可根据尺寸允许偏差、平面度允许极限公差、角度允许极限公差、外观质量和镜面光泽度等标准分为（　　）。

A．A、B、C　B．优等品、合格品

C．一等品、合格品　D．合格品、废品

170．大理石的产品质量可根据尺寸允许偏差、平面度允许极限公差、角度允许极限公差、外观质量和镜面光泽度等标准分为（　　）。

A．合格品、废品　B．一等品、合格品

C．优等品、合格品　D．优等品、一等品、合格品

171．我国花岗岩储量丰富，国产较著名的品种是（　　）。

A．济南青　B．拿破仑红　C．巴拿马黑　D．挪威蓝

172．我国花岗岩储量丰富，国产较著名的品种是（　　）。

A．莱州白　B．拿破仑红　C．巴拿马黑　D．挪威蓝

173．我国花岗岩储量丰富，国产较著名的品种是（　　）。

A．岑溪红　B．拿破仑红　C．巴拿马黑　D．挪威蓝

174．我国花岗岩储量丰富，国产较著名的品种是（　　）。
A．将军红　B．拿破仑红　C．巴拿马黑　D．挪威蓝

175．国际市场上著名的花岗岩品种是（　　）。
A．将军红　B．岑溪红　C．莱州白　D．印度红

176．国际市场上著名的花岗岩品种是（　　）。
A．将军红　B．岑溪红　C．莱州白　D．巴西黑

177．国际市场上著名的花岗岩品种是（　　）。
A．将军红　B．岑溪红　C．莱州白　D．巴拿马黑

178．国际市场上著名的花岗岩品种是（　　）。
A．将军红　B．岑溪红　C．莱州白　D．印度红

179．根据 JC/T 205—1992《天然花岗岩建筑板材》的规定，其板材的形状可分为普通型（N）和（　　）两种。
A．正方形（ZF）　B．长方形（CF）　C．异型板材（S）　D．圆形（YW）

180．根据 JC/T 205—1992《天然花岗岩建筑板材》的规定，其板材的形状可分为和（　　）异型板材（S）两种。
A．正方形（ZF）　B．长方形（CF）　C．普通型（N）　D．圆形（YW）

181．根据 JC/T 205—1992《天然花岗岩建筑板材》的规定，按表面加工细度又分为（　　）、镜面板材（PL）、粗面板材（RU）。
A．细面板材（RB）　B．光滑板材（GH）
C．凹凸板材（OT）　D．波纹板材（BW）

182．根据 JC/T 205—1992《天然花岗岩建筑板材》的规定，按表面加工细度又分为（　　）、细面板材（RB）、粗面板材（RU）。
A．镜面板材（PL）　B．光滑板材（GH）
C．凹凸板材（OT）　D．波纹板材（BW）

183．根据 JC/T 205—1992《天然花岗岩建筑板材》的规定，按表面加工细度又分为（　　）、细面板材（RB）、镜面板材（PL）。
A．粗面板材（RU）　B．光滑板材（GH）
C．凹凸板材（OT）　D．波纹板材（BW）

184．花岗石的产品按质量可分为（　　）。
A．A、B　B．A、B、C　C．A、B、C、D　D．都不是

185．花岗石的产品按质量可分为（　　）。
A．优等品、一等品、合格品　B．优等品、合格品

C. 一等品、合格品　　D. 合格品、废品

186. 花岗石的产品按质量可分为（　　）。

A. 合格品、废品　　B. 一等品、合格品

C. 优等品、合格品　　D. 优等品、一等品、合格品

187. JC/T 202—1992《天然大理石荒料》、JC/T 204—92《天然花岗石荒料》中规范了大理石、花岗石的命名。英文字母（　　）指大理石。

A. M　　B. G　　C. S　　D. D

188. JC/T 202—1992《天然大理石荒料》、JC/T 204—92《天然花岗石荒料》中规范了大理石、花岗石的命名。英文字母（　　）指大理石。

A. M　　B. K　　C. S　　D. D

189. JC/T 202—1992《天然大理石荒料》、JC/T 204—92《天然花岗石荒料》中规范了大理石、花岗石的命名。英文字母（　　）指大理石。

A. M　　B. K　　C. P　　D. D

190. JC/T 202—1992《天然大理石荒料》、JC/T 204—92《天然花岗石荒料》中规范了大理石、花岗石的命名。英文字母（　　）指花岗石。

A. M　　B. G　　C. P　　D. O

191. JC/T 202—1992《天然大理石荒料》、JC/T 204—92《天然花岗石荒料》中规范了大理石、花岗石的命名。英文字母（　　）指花岗石。

A. M　　B. G　　C. P　　D. H

192. JC/T 202—1992《天然大理石荒料》、JC/T 204—92《天然花岗石荒料》中规范了大理石、花岗石的命名。英文字母（　　）指花岗石。

A. M　　B. G　　C. P　　D. D

193. 天然石材的标记：房山济南青—N—PL—600×600×20—B—G1118，其中 N 指（　　）。

A. 产地　　B. 长方形板　　C. 质量等级　　D. 分类

194. 天然石材的标记：房山济南青—N—PL—600×600×20—B—G1118，其中 PL 指（　　）。

A. 产地　　B. 长方形板　　C. 质量等级　　D. 加工程度

195. 天然石材的标记：房山济南青—N—PL—600×600×20—B—G1118，其中 B 指（　　）。

A. 产地　　B. 长方形板　　C. 质量等级　　D. 加工程度

196. 天然石材的标记：房山济南青—N—PL—600×600×20—B—G1118，其中 G 指（　　）。

A. 大理石　　B. 花岗石　　C. 质量等级　　D. 加工程度

197. 天然石材的标记：房山汉白玉—N—600×400×20—A—M1115，其中 N 指（　　）。

A. 产地　　B. 长方形板　　C. 质量等级　　D. 分类

198. 天然石材的标记：房山汉白玉—N—600×400×20—A—M1115，其中 A 指（　　）。

A．产地　　B．长方形板　　C．质量等级　　D．分类

199．天然石材的标记：房山汉白玉—N—600×400×20—A—M1115，其中 M 指（　　）。
A．产地　　B．长方形板　　C．质量等级　　D．大理石

200．天然石材的标记：房山汉白玉—N—600×400×20—A—M1115，其中汉白玉指（　　）。
A．花纹特征　　B．长方形板　　C．质量等级　　D．大理石

201．微晶玻璃板材是（　　）。
A．水磨石板　　B．天然大理石板　　C．天然花岗石板　　D．人造石材

202．微晶玻璃板材是（　　）。
A．人造石材　　B．水磨石板　　C．天然大理石板　　D．天然花岗石板

203．微晶玻璃板材是人造石材。（　　）
A．对　　B．错

204．微晶玻璃板材是天然大理石板。（　　）
A．对　　B．错

205．微晶玻璃板材是天然花岗石板。（　　）
A．对　　B．错

206．用原木旋切成薄片，经干燥处理后，再用胶黏剂按奇数层数，以各层纤维互相垂直的方向，黏合热压而成的人造板材，称为（　　）。
A．胶合板　　B．纤维板　　C．木丝板　　D．刨花板

207．用原木旋切成薄片，经干燥处理后，再用胶黏剂按奇数层数，以各层纤维互相垂直的方向，黏合热压而成的人造板材，称为（　　）。
A．木丝板　　B．纤维板　　C．胶合板　　D．刨花板

208．用原木旋切成薄片，经干燥处理后，再用胶黏剂按奇数层数，以各层纤维互相垂直的方向，黏合热压而成的人造板材，称为胶合板。（　　）
A．对　　B．错

209．用原木旋切成薄片，经干燥处理后，再用胶黏剂按奇数层数，以各层纤维互相垂直的方向，黏合热压而成的人造板材，称为纤维板。（　　）
A．对　　B．错

第十章　合成高分子材料

1．合成高分子材料是不饱和的低分子碳氢化合物（单体），经人工加聚或缩聚而合成的物质。（　　）不是高分子材料。

A．聚乙烯　　B．聚氯乙烯　　C．尼龙—66　　D．氢氧化钙

2．合成高分子材料是不饱和的低分子碳氢化合物（单体），经人工加聚或缩聚而合成的物质。（　　）不是高分子材料。

A．聚乙烯　　B．聚氯乙烯　　C．尼龙—66　　D．氯化钙

3．合成高分子材料是不饱和的低分子碳氢化合物（单体），经人工加聚或缩聚而合成的物质。（　　）不是高分子材料。

A．聚乙烯　　B．聚氯乙烯　　C．尼龙—66　　D．碳酸钙

4．合成高分子材料是不饱和的低分子碳氢化合物（单体），经人工加聚或缩聚而合成的物质。（　　）不是高分子材料。

A．聚乙烯　　B．聚氯乙烯　　C．尼龙—66　　D．三氧化铝

5．合成高分子材料是不饱和的低分子碳氢化合物（单体），经人工加聚或缩聚而合成的物质。（　　）不是高分子材料。

A．聚乙烯　　B．聚氯乙烯　　C．尼龙—66　　D．水化的硫铝酸钙

6．合成高分子的命名，商业上喜欢用商品名称，比较方便。聚丙烯是（　　）。

A．丙纶　　B．腈纶　　C．有机玻璃　　D．电木

7．合成高分子的命名，商业上喜欢用商品名称，比较方便。聚丙烯腈是（　　）。

A．丙纶　　B．腈纶　　C．有机玻璃　　D．电木

8．合成高分子的命名，商业上喜欢用商品名称，比较方便。聚甲基丙烯酸甲酯是（　　）。

A．丙纶　　B．腈纶　　C．有机玻璃　　D．电木

9．合成高分子的命名，商业上喜欢用商品名称，比较方便。酚醛树脂是（　　）。

A．丙纶　　B．腈纶　　C．有机玻璃　　D．电木

10．合成高分子的命名，商业上喜欢用商品名称，比较方便。脲醛树脂是（　　）。

A．丙纶　　B．电玉　　C．有机玻璃　　D．电木

11．热塑性聚合物是指可反复受热软化、冷却硬化的聚合物，一般是线性分子结构，如（　　）。

A．聚氯乙烯　　B．酚醛树脂

C．不饱和聚酯树脂　　D．环氧树脂

12．热塑性聚合物是指可反复受热软化、冷却硬化的聚合物，一般是线性分子结构，如（　　）。

A．聚乙酸乙烯酯　　B．酚醛树脂

C．不饱和聚酯树脂　　D．环氧树脂

13．热塑性聚合物是指可反复受热软化、冷却硬化的聚合物，一般是线性分子结构，如（　　）。

A．聚甲基丙烯酸甲酯　　B．酚醛树脂

C．不饱和聚酯树脂　　D．环氧树脂

14．热塑性聚合物是指可反复受热软化、冷却硬化的聚合物，一般是线性分子结构，如（　　）。

A．氟纶　　B．酚醛树脂

C．不饱和聚酯树脂　　D．环氧树脂

15．热塑性聚合物是指可反复受热软化、冷却硬化的聚合物，一般是线性分子结构，如（　　）。

A．聚四氟乙烯　　B．酚醛树脂

C．不饱和聚酯树脂　　D．环氧树脂

16．热固性聚合物是指经一次受热软化（或熔化）后，在热和催化剂或热和压力作用下发生化学反应而变成坚硬的体型结构，之后再受热也不软化，在强热作用下即分解破坏的聚合物，如（　　）。

A．聚己内酰胺　　B．聚酰胺　　C．聚乙烯　　D．环氧树脂

17．热固性聚合物是指经一次受热软化（或熔化）后，在热和催化剂或热和压力作用下发生化学反应而变成坚硬的体型结构，之后再受热也不软化，在强热作用下即分解破坏的聚合物，如（　　）。

A．聚己内酰胺　　B．聚酰胺　　C．聚乙烯　　D．不饱和聚酯树脂

18．热固性聚合物是指经一次受热软化（或熔化）后，在热和催化剂或热和压力作用下发生化学反应而变成坚硬的体型结构，之后再受热也不软化，在强热作用下即分解破坏的聚合物，如（　　）。

A．聚己内酰胺　　B．聚酰胺　　C．聚乙烯　　D．酚醛树脂

19．热固性聚合物是指经一次受热软化（或熔化）后，在热和催化剂或热和压力作用下发生化学反应而变成坚硬的体型结构，之后再受热也不软化，在强热作用下即分解破坏的聚合物，如（　　）。

A．聚己内酰胺　　B．聚酰胺　　C．聚乙烯　　D．脲醛树脂

20．（　　）、橡胶和合成纤维被称为三大合成材料。

A．水泥　　B．塑料　　C．木材　　D．钢材

21．（　　）、塑料和合成纤维被称为三大合成材料。

A．水泥　　B．橡胶　　C．木材　　D．钢材

22．（　　）、橡胶和塑料被称为三大合成材料。

A．水泥　　B．合成纤维　　C．木材　　D．钢材

23．（　　）是塑料组成的主要成分。

A．树脂　　B．增塑剂　　C．着色剂　　D．固化剂

24．（　　）是塑料组成的主要成分。

A．滑石粉　　B．树脂　　C．着色剂　　D．固化剂

25．（　　）是塑料组成的主要成分。

A．着色剂　　B．六亚甲基四胺　　C．树脂　　D．固化剂

26．（　　）是塑料组成的主要成分。

A．着色剂　　B．六亚甲基四胺　　C．固化剂　　D．树脂

27．塑料生产过程中加入起固化剂作用的是（　　）。

A．滑石粉　　B．石墨粉　　C．玻璃纤维　　D．邻苯二甲酸酐

28．塑料生产过程中加入起固化剂作用的是（　　）。

A．滑石粉　　B．石墨粉　　C．玻璃纤维　　D．六亚甲基四胺

29．塑料生产过程中加入起增塑剂作用的是（　　）。

A．滑石粉　　B．石墨粉　　C．玻璃纤维　　D. 邻苯二甲酸二辛酯

30．塑料生产过程中加入起增塑剂作用的是（　　）。

A．滑石粉　　B．石墨粉　　C．玻璃纤维　　D. 邻苯二甲酸二丁酯

31．塑料地板产品标志：聚氯乙烯卷材地板—FB—2.0—1800—GB 11982—89，其中 FB 指（　　）。

A．厚度为 2mm　　B．幅宽为 1800mm

C．发泡的基材　　D．聚氯乙烯

32．塑料地板产品标志：聚氯乙烯卷材地板—FB—2.0—1800—GB 11982—89，其中 2.0 指（　　）。

A．厚度为 2mm　　B．幅宽为 1800mm

C．发泡的基材　　D．聚氯乙烯

33．塑料地板产品标志：聚氯乙烯卷材地板—FB—2.0—1800—GB 11982—89，其中 1800 指（　　）。

A．厚度为 2mm　　B．幅宽为 1800mm

C．发泡的基材　　D．聚氯乙烯

34．塑料地板产品标志：聚氯乙烯卷材地板—FB—2.0—1800—GB 11982—89，其中 GB 11982—89 指（　　）。

A．厚度为 2mm　　B．幅宽为 1800mm
C．发泡的基材　　D．国家标准

35．普通纸基壁纸，是以 80g/cm^2 的纸作基材，涂塑（　　）左右聚氯乙烯糊树脂，经压花、印花。
A．100g/cm^2　　B．200g/cm^2　　C．300g/cm^2　　D．400g/cm^2

36．普通纸基壁纸，是以 80g/cm^2 的纸作基材，涂塑 100g/cm^2 左右（　　）经压花、印花。
A．聚氯乙烯树脂　　B．三氧化铝　　C．脲醛树脂　　D．酚醛树脂

37．发泡壁纸是以（　　）的纸作基材，涂塑 300～400g/cm^2，掺有发泡剂，再加热发泡而成的。
A．100g/cm^2　　B．200g/cm^2　　C．300g/cm^2　　D．400g/cm^2

38．GB 8945—88《聚氯乙烯壁纸》按卷长度、外观质量、物理性能等分为（　　）。
A．优等品、一等品、合格品　　B．优等品、合格品
C．一等品、合格品　　D．合格品、废品

39．塑料贴面装饰板，具有自熄性的是（　　）。
A．硬质聚氯乙烯　　B．三聚氰胺树脂
C．脲醛树脂　　D．饱和聚酯树脂

40．塑料贴面装饰板，具有自熄性的是（　　）。
A．硬质聚氯乙烯　　B．三聚氰胺树脂
C．脲醛树脂　　D．鸟粪胺树脂

41．塑料贴面装饰板，具有自熄性的是（　　）。
A．硬质聚氯乙烯　　B．邻苯二甲酸丙烯酯树脂
C．脲醛树脂　　D．饱和聚酯树脂

42．目前我国塑料门窗是采用（　　），以轻质碳酸钙为填料，并加入适量的各种添加剂，挤压成型。
A．改性硬质聚氯乙烯　　B．邻苯二甲酸丙烯酯树脂
C．脲醛树脂　　D．饱和聚酯树脂

43．目前我国塑料门窗是采用（　　），以轻质碳酸钙为填料，并加入适量的各种添加剂，挤压成型。
A．U—PVC　　B．邻苯二甲酸丙烯酯树脂
C．脲醛树脂　　D．饱和聚酯树脂

44．目前我国塑料门窗是采用改性硬质聚氯乙烯 U—PVC，以（　　）为填料，并加入适量的各种添加剂，挤压成型。
A．轻质碳酸钙　　B．邻苯二甲酸丙烯酯树脂
C．脲醛树脂　　D．饱和聚酯树脂

45. 塑料管道的应用领域通常为给水、排水、燃气、地暖、电力通信、农用、消防与其他领域。给热水管不建议采用（　　）。

A. 聚丙烯　　B. 聚氯乙烯　　C. 聚乙烯　　D. 增强高密度聚乙烯

46. 有"塑胶水晶"之美誉，具有高透明度，透光率达92%的是（　　）。

A. 聚丙烯　　B. 纯聚甲基丙烯酸甲酯

C. 聚乙烯　　D. 增强高密度聚乙烯

47. 有"塑胶水晶"之美誉，具有高透明度，透光率达92%的是（　　）。

A. 聚丙烯　　B. 压克力　　C. 聚乙烯　　D. 增强高密度聚乙烯

48. 不属于天然类胶黏剂的是（　　）。

A. 淀粉　　B. 松香　　C. 生漆　　D. 有机硅

49. 不属于天然类胶黏剂的是（　　）。

A. 淀粉　　B. 松香　　C. 生漆　　D. 丁苯橡胶

50. 不属于天然类胶黏剂的是（　　）。

A. 淀粉　　B. 松香　　C. 生漆　　D. 聚乙烯醇缩醛

51. 合成类胶黏剂的是（　　）。

A. 淀粉　　B. 松香　　C. 生漆　　D. 有机硅

52. 合成类胶黏剂的是（　　）。

A. 淀粉　　B. 松香　　C. 生漆　　D. 丁苯橡胶

53. 合成类胶黏剂的是（　　）。

A. 淀粉　　B. 松香　　C. 生漆　　D. 聚乙烯醇缩醛

54. 结构型胶黏剂其胶结强度高，至少与被黏物本身的材料强度相当。一般剪切强度大于（　　），不均匀扯离强度大于3MPa。

A. 15MPa　　B. 150MPa　　C. 1500MPa　　D. 1.5MPa

55. 结构型胶黏剂其胶结强度高，至少与被黏物本身的材料强度相当。一般剪切强度大于15MPa，不均匀扯离强度大于（　　）。

A. 3MPa　　B. 30MPa　　C. 300MPa　　D. 3000MPa

56. 建筑塑料具有质量轻、比强度高、保温隔热、吸声性好等特点。（　　）

A. 对　　B. 错

57. 塑料具有（　　）等优点。

A. 质量轻、比强度高、保温绝热性好

B. 加工性能好、富有装饰性

C. 易老化、易燃、耐热性差、刚性差

D. 质量轻、比强度高、保湿绝热性好、加工性能好、富有装饰性

第十一章　绝热材料与吸声材料

1．(　　) 是衡量绝热材料性能优劣的主要指标。
A．导热系数　B．渗透系数　C．软化系数　D．比热

2．(　　) 是衡量绝热材料性能优劣的主要指标。
A．比热　B．渗透系数　C．软化系数　D．导热系数

3．导热系数是衡量绝热材料性能优劣的主要指标。(　　)
A．对　B．错

4．软化系数是衡量绝热材料性能优劣的主要指标。(　　)
A．对　B．错

5．绝热材料既包括保温材料，也包括(　　)。
A．亲水材料　B．韧性材料　C．保冷材料　D．保热材料

6．绝热材料既包括保温材料，也包括(　　)。
A．保冷材料　B．亲水材料　C．韧性材料　D．保热材料

7．绝热材料既包括保温材料，也包括保冷材料。(　　)
A．对　B．错

8．绝热材料指保温材料，不包括保冷材料。(　　)
A．对　B．错

9．据相关统计，绝热良好的建筑，其能源消耗可节省(　　)。
A．10%～20%　B．20%～35%　C．25%～50%　D．30%～55%

10．据相关统计，绝热良好的建筑，其能源消耗可节省(　　)。
A．25%～50%　B．20%～35%　C．10%～20%　D．30%～55%

11．据相关统计，绝热良好的建筑，其能源消耗可节省 25%～50%。(　　)
A．对　B．错

12．据相关统计，绝热良好的建筑，其能源消耗可节省 30%～60%。(　　)
A．对　B．错

13．自然界中的每一个传热过程，几乎同时包括(　　)、对流、热辐射三种传热方式。
A．导热　B．加热　C．传热　D．都不是

14．自然界中的每一个传热过程，几乎同时包括(　　)、对流、热辐射三种传热方式。
A．加热　B．导热　C．传热　D．都不是

15．自然界中的每一个传热过程，几乎同时包括导热、对流、热辐射三种传热方式。（　　）

A．对　　B．错

16．热传递过程，只包括导热、对流两种传热方式。（　　）

A．对　　B．错

17．热传递过程，只包括对流和热辐射两种传热方式。（　　）

A．对　　B．错

18．热传递过程，只是指导热这种传热方式。（　　）

A．对　　B．错

19．热传递过程，一般包括（　　）种传热方式。

A．1　　B．2　　C．3　　D．4

20．热传递过程，一般包括（　　）种传热方式。

A．3　　B．4　　C．5　　D．都不是

21．根据绝热机理的不同，绝热材料大致可以分为多孔型、（　　）和反射型三种类型。

A．泡沫型　　B．气泡型　　C．颗粒型　　D．纤维型

22．根据绝热机理的不同，绝热材料大致可以分为多孔型、纤维型和（　　）三种类型。

A．泡沫型　　B．气泡型　　C．颗粒型　　D．反射型

23．根据绝热机理的不同，绝热材料大致可以分为（　　）、纤维型和反射型三种类型。

A．泡沫型　　B．气泡型　　C．多孔型　　D．颗粒型

24．根据绝热机理的不同，绝热材料大致可以分为多孔型、（　　）和反射型三种类型。

A．纤维型　　B．粉末型　　C．颗粒型　　D．泡沫型

25．根据绝热机理的不同，绝热材料大致可以分为多孔型、纤维型和（　　）三种类型。

A．粉末型　　B．反射型　　C．颗粒型　　D．气泡型

26．根据绝热机理的不同，绝热材料大致可以分为（　　）、纤维型和反射型三种类型。

A．粉末型　　B．气泡型　　C．颗粒型　　D．多孔型

27．水的导热系数（　　）冰的导热系数。

A．小于　　B．大于　　C．等于　　D．不确定

28．冰的导热系数（　　）水的导热系数。

A．小于　　B．大于　　C．等于　　D．不确定

29．水结成冰后导热系数（　　）。

A．减小　　B．增大　　C．不变　　D．不确定

30．空气的导热系数（　　）水的导热系数。

A．小于　　B．大于　　C．等于　　D．不确定

31．水的导热系数（　　）空气的导热系数。
A．小于　　B．大于　　C．等于　　D．不确定

32．木材的导热系数（　　）混凝土的导热系数。
A．小于　　B．大于　　C．等于　　D．不确定

33．混凝土的导热系数（　　）木材的导热系数。
A．小于　　B．大于　　C．等于　　D．不确定

34．硅藻土是一种无机多孔类绝热材料，其孔隙率为（　　）。
A．20%～50%　　B．30%～60%　　C．40%～70%　　D．50%～80%

35．硅藻土是一种无机多孔类绝热材料，其孔隙率为（　　）。
A．40%～70%　　B．50%～80%　　C．55%～85%　　D．都不是

36．硅藻土是一种无机多孔类绝热材料，其孔隙率为 50%～80%。（　　）
A．对　　B．错

37．泡沫玻璃的孔隙率可高达（　　）。
A．40%～70%　　B．50%～80%　　C．80%～95%　　D．90%～100%

38．泡沫玻璃的孔隙率可高达 80%～95%。（　　）
A．对　　B．错

39．膨胀蛭石是一种无机散粒状绝热材料。（　　）
A．对　　B．错

40．膨胀蛭石是由天然矿物蛭石经高温烧制而成，其体积可迅速膨胀（　　）倍。
A．3～5　　B．5～10　　C．8～20　　D．都不是

41．下列不属于无机多孔类绝热材料的是（　　）。
A．硅藻土　　B．加气混凝土　　C．泡沫玻璃　　D．膨胀蛭石

42．下列不属于无机多孔类绝热材料的是（　　）。
A．硅藻土　　B．加气混凝土　　C．泡沫玻璃　　D．膨胀珍珠岩

43．下列不属于无机多孔类绝热材料的是（　　）。
A．硅藻土　　B．加气混凝土　　C．玻璃棉　　D．泡沫玻璃

44．下列不属于无机多孔类绝热材料的是（　　）。
A．硅藻土　　B．膨胀珍珠岩　　C．泡沫玻璃　　D．加气混凝土

45．下列属于无机多孔类绝热材料的是（　　）。
A．硅藻土　　B．膨胀珍珠岩　　C．玻璃棉　　D．膨胀蛭石

46．下列属于无机多孔类绝热材料的是（　　）。
A．泡沫混凝土　　B．膨胀珍珠岩　　C．玻璃棉　　D．膨胀蛭石

47．下列属于有机绝热材料的是（　　）。

A．泡沫塑料　　B．植物纤维板　　C．绝热涂料　　D．以上都是

48．下列不属于有机绝热材料的是（　　）。

A．泡沫塑料　　B．泡沫玻璃　　C．植物纤维板　　D．绝热涂料

49．下列不属于有机绝热材料的是（　　）。

A．泡沫塑料　　B．泡沫混凝土　　C．植物纤维板　　D．绝热涂料

50．无机绝热材料包括无机多孔类、无机散粒状类、无机纤维状类三类绝热材料。（　　）

A．对　　B．错

51．声音起源于物体的振动。（　　）

A．对　　B．错

52．（　　）是度量材料吸声性能的重要指标。

A．吸声性　　B．吸声环境　　C．吸声条件　　D．吸声系数

53．（　　）是度量材料吸声性能的重要指标。

A．吸声性　　B．吸声系数　　C．吸声条件　　D．吸声环境

54．吸声系数是度量材料吸声性能的重要指标。（　　）

A．对　　B．错

55．吸声系数数值（　　），材料的吸声效果越好。

A．越小　　B．越大　　C．减小　　D．不确定

56．吸声系数数值（　　），材料的吸声效果越不好。

A．越小　　B．越大　　C．减小　　D．不确定

57．吸声系数数值越大，材料的吸声效果越好。（　　）

A．对　　B．错

58．吸声系数数值越大，材料的吸声效果（　　）。

A．越差　　B．越好　　C．减小　　D．不确定

59．吸声系数数值越小，材料的吸声效果（　　）。

A．越差　　B．越好　　C．减小　　D．不确定

60．下列吸声结构中，吸声效果最好的是（　　）。

A．多孔吸声材料　　B．薄板振动吸声结构

C．悬挂空间吸声体　　D．帘幕吸声体

61．下列吸声结构中，吸声效果最好的是（　　）。

A．帘幕吸声体　　B．悬挂空间吸声体

C．多孔吸声材料　　D．薄板振动吸声结构

试 题 答 案

第一章 建筑材料的基本性质

1-5 CBAAA
6-10 ACABB
11-15 ADACA
16-20 BBABA
21-25 BCDCA
26-30 CCBAB
31-35 DABAC
36-40 BCDAB
41-45 CABBC
46-50 ACBDC
51-55 ABBCA
56-60 DBBAB
61-65 ABBCA
66-70 CABBA
71-75 CABAB
76-80 ACABC
81-85 BAABB
86-90 ACABC
91-95 CBABA
96-100 BBABC
101-105 BACCA
106-110 BDCBD
111-115 AABBB
116-120 ACDAB
121-125 CDBAC
126-130 BACDB
131-135 ACDAB
136-140 CDABC
141-145 DABCD
146-150 BABAB
151-155 AABAB
156-160 CBADA
161-165 BCDCA
166-170 BDDCA
171-175 BBACA
176-180 BDBAA
181-185 ABBCC
186-190 ABDAB
191-195 CABDA
196-200 BBDAC
201-205 ABDAB
206-210 CCABD
211-215 ABBBA
216-220 CBDDA
221-225 BCBDA
226-230 ACABA
231-235 CDADB
236-240 CAAAB
241-245 BDBCC
246-250 ADBAB
251-255 DDBDC
256-260 CBDAB
261-265 BACCA
266-270 ABBBC
271-275 AADBB
276-280 CCCDB
281-285 BCDAC
286-290 BBCAD
291-295 ACBCD
296-300 DBCAC
301-304 DABB

第二章 气硬性胶凝材料

1-5 BBABA
6-10 BBCCD
11-15 ABBBA
16-20 BCABB
21-25 DABCA
26-30 BCBAD
31-35 ABBAB
36-40 ACBDA
41-45 BBAAB
46-50 CDCCC
51-55 DABBA
56-60 ABBDA
61-65 BDACD
66-70 BABAB
71-75 ABBAC
76-80 ADABB
81-85 BBCAB
86-90 ACABB
91-95 AABBA
96-100 CABBC
101-105 CABBA
106-110 BCABB
111-115 AACAB
116-120 ACAAB
121-125 BCAAC
126-130 DBCAA
131-135 BDAAB
136-140 BAAAB
141-145 ABDAA
146-150 BBCAD

151-155 CCABB
156-160 CCADA
161-165 BCAAD
166-170 BDADA
171-175 BBCAA
176-180 BDAAB
181-185 BAAAB
186-190 ABDAA
191-195 BBCAD
196-200 AACCB
201-205 AABAB

第三章 水　泥

1-5 DCBAB
6-10 ABCBA
11-15 ABBBC
16-20 BCBBA
21-25 ADBBC
26-30 ADABB
31-35 DABAB
36-40 BADAB
41-45 BBBCA
46-50 BBABC
51-55 BABCA
56-60 ABADA
61-65 BBDCB
66-70 AABBA
71-75 CCCAB
76-80 BBAAD
81-85 CABAB
86-90 ADABD
91-95 BBBDD
96-100 ABBBC
101-105 DBCAB
106-110 BBCAB
111-115 BBABB
116-120 BCABA
121-125 BACCC
126-130 ABCCD
131-135 BCABA
136-140 BABAC
141-145 BABCA
146-150 BACCD
151-155 ABADA
156-160 ABABA
161-165 ADADA
166-170 BAABB
171-175 BBBAB
176-180 CBABA
181-185 ADADB
186-190 BBAAC
191-195 ABADB
196-200 BAABA
201-205 ABABC
206-210 ABBAA
211-215 BBCAB
216-220 BDABB
221-225 ACABB
226-230 BABAC
231 D

第四章 混 凝 土

1-5 DBACC
6-10 BBCAB
11-15 BBAAB
16-20 DBBDA
21-25 ABBAA
26-30 ADBAB
31-35 ADCAB
36-40 AABBA
41-45 CCBCA
46-50 CDDCA
51-55 CAACB
56-60 BACAB
61-65 BCBAA
66-70 ABABA
71-75 BCABB
76-80 ADBCC
81-85 BBAAD
86-90 CCBCD
91-95 BABCA
96-100 ABBAA
101-105 DADAB
106-110 BADBB
111-115 DCCBC
116-120 DACBB
121-125 CAABB
126-130 ABDCB
131-135 AABBA
136-140 BABAB
141-145 BBABA
146-150 DCCBD
151-155 BABAC
156-160 ABDAB
161-165 CCDAB
166-170 BADAB
171 B

第五章 建 筑 砂 浆

1-5 CADBC
6-10 DBABD
11-15 CACDB

16-20 ABAAB
21-25 BCACD
26-30 BBABB
31-35 DABBD
36-40 ABBBD
41-45 BCBCA
46-50 BBBDC
51-55 AACAB
56-60 DBCDB
61-65 DACAB
66-70 BBCAD
71-75 BAABB
76-80 ADBAB
81-85 ADCBD
86-90 BACCA
91-95 BABBD
96-100 AAABB
101-105 CABCA
106-109 BBBA

第六章　墙 体 材 料

1-5 CDACD
6-10 BABBC
11-15 ABADA
16-20 BCDAC
21-25 ADDDB
26-30 ADACA
31-35 CADDD
36-40 BADAC
41-45 ABBBD
46-50 DACBD
51-55 ACDAD
56-60 BBDAD
61-65 DCADA
66-70 DBABB
71-75 AADAB
76-77 DC

第七章　防 水 材 料

1-5 DCBDC
6-10 CACAC
11-15 DCBAA
16-20 DBABD
21-25 AABAC
26-30 ABBDA
31-35 BBCDA
36-40 BAACA
41-45 DBABD
46-50 BACBC
51-55 DAABB
56-60 DABBD
61-65 ABDBA
66-67 CB

第八章　建 筑 钢 材

1-5 BDABB
6-10 DBABA
11-15 DAADC
16-20 ABCBA
21-25 DACBC
26-30 DAABB
31-35 CCBDA
36-40 AAADA
41-45 DDDAB
46-50 CDDAA
51-55 AAADA
56-60 ABDBD
61-65 DDADB
66-70 BCAAA
71-75 DCAAB
76-80 AAAAB
81-85 DCDBC
86-90 DABDB
91-95 BABDD
96-100 CADBC
101-150 DDBCD
106-110 ADCDA
111-115 DDDAA
116-120 BCABC
121-125 DAADA
126-130 AADDB
131-135 ABCAA
136-140 CABCB
141-145 DBDAB
146-150 CCCAA
151-155 AAADD
156-160 DDBDC

第九章　常用建筑装饰材料

1-5 DBADA
6-10 DCAAB
11-15 DABDA
16-20 ABABC
21-25 ABBAC
26-30 CAABB

31-35 AADCA
36-40 ADACA
41-45 BDACA
46-50 BBACA
51-55 DBABA
56-60 CABCC
61-65 CABBD\
66-70 BABAD
71-75 BABAA
76-80 BBABC
81-85 ABCDA
86-90 DAABA
91-95 CADAA
96-100 ACCAA
101-105 CDCBB
106-110 BBCAC
111-115 BAAAA
116-120 ABBCC
121-125 DDCAB
126-130 DABCD
131-135 DAADA
136-140 BCAAA
141-145 AABAB
146-150 CBAAB
151-155 BBAAA
156-160 ADDDD
161-165 DDDDD
166-170 CCAAD
171-175 AAAAD
176-180 DDDCC
181-185 AAABA
186-190 DAAAB
191-195 BBDDC
196-200 BDBDA
201-205 DAABB
206-209 ACAB

第十章　合成高分子材料

1-5 DDDDD
6-10 ABCDB
11-15 AAAAA
16-20 DDDDB
21-25 BBABC
26-30 DDDDD
31-35 CABDA
36-40 AAAAA
41-45 AAAAB
46-50 BBDDD
51-55 DDDAA
56-57 AD

第十一章　绝热材料与吸声材料

1-5 ADABC
6-10 AABCA
11-15 ABABA
16-20 BBBCA
21-25 DDCAB
26-30 DABBA
31-35 BABDB
36-40 ACAAC
41-45 DDCBA
46-50 ADBBA
51-55 ADBAB
56-60 AABAC
61 B